21世纪高等院校化学实验教学改革示范教材

江 苏 省 高 等 学 校 精 品 教 材

普通化学实验

总主编　孙尔康　张剑荣

主　编　王　玲　刘勇健

副主编　王秀玲　何娉婷

编　委（按姓氏笔画排序）

王松君　陈　田　娄　帅

南京大学出版社

图书在版编目(CIP)数据

普通化学实验 / 王玲，刘勇健主编. —南京：南京大学出版社，2009.7（2015.7重印）

21世纪高等院校化学实验教学改革示范教材

ISBN 978-7-305-06167-7

Ⅰ.普… Ⅱ.①王…②刘… Ⅲ.化学实验-高等学校-教材 Ⅳ.06-3

中国版本图书馆 CIP 数据核字(2009)第 086824 号

出 版 者	南京大学出版社
社　　址	南京市汉口路 22 号　　　邮　编 210093
网　　址	http://www.NjupCo.com
出 版 人	左　健

丛 书 名	21世纪高等院校化学实验教学改革示范教材
书　　名	**普通化学实验**
总 主 编	孙尔康　张剑荣
主　　编	王　玲　刘勇健
责任编辑	蔡文彬　　　编辑热线 025-83686531

照　　排	南京南琳图文制作有限公司
印　　刷	南京新洲印刷有限公司
开　　本	787×1092　1/16　印张 9　字数 222 千
版　　次	2009 年 7 月第 1 版　2015 年 7 月第 4 次印刷

ISBN 978-7-305-06167-7

定　　价　17.00 元

发行热线　025-83594756

电子邮箱　Press@NjupCo.com

　　　　　Sales@NjupCo.com(市场部)

序

  化学是一门实验性很强的科学,在高等学校化学专业和应用化学专业的教学中,实验教学占有十分重要的地位。就学时而言,教育部化学专业指导委员会提出的参考学时数为每门实验课的学时与相对应的理论课学时之比为(1.1~1.2):1,并要求化学实验课独立设课。已故著名化学教育家戴安邦教授生前曾指出:"全面的化学教育要求化学教学不仅传授化学知识和技术,更训练科学方法和思维,还培养科学品德和精神。"化学实验室是实施全面化学教育最有效的场所,因为化学实验教学不仅可以培养学生的动手能力,而且也是培养学生严谨的科学态度、严密科学的逻辑思维方法和实事求是的优良品德的最有效形式;同时也是培养学生创新意识、创新精神和创新能力的重要环节。

  为推动高等学校加强学生实践能力和创新能力的培养,加快实验教学改革和实验室建设,促进优质资源整合和共享,提升办学水平和教育质量,教育部已于 2005 年在高等学校实验教学中心建设的基础上启动建设一批国家实验教学示范中心。通过建设实验教学示范中心,达到的建设目标是:树立以学生为本,知识、能力、素质全面协调发展的教育理念和以能力培养为核心的实验教学观念,建立有利于培养学生实践能力和创新能力的实验教学体系,建设满足现代实验教学需要的高素质实验教学队伍,建设仪器设备先进、资源共享、开放服务的实验教学环境,建立现代化的高效运行的管理机制,全面提高实验教学水平。为全国高等学校实验教学改革提供示范经验,带动高等学校实验室的建设和发展。

  在国家级实验教学示范中心建设的带动下,江苏省于 2006 年成立了"江苏省高等院校化学实验教学示范中心主任联席会",成员单位达三十多个,并在2006~2008 年三年时间内,召开了三次示范中心建设研讨会。通过这三次会议的交流,大家一致认为要提高江苏省高校的实验教学质量,关键之一是要有一个符合江苏省高校特点的实验教学体系以及与之相适应的一套先进的教材。在南京大学出版社的大力支持下,在第三次江苏省高等院校化学实验教学示范中心主任联席会上,经过充分酝酿和协商,决定由南京大学牵头,成立江苏省高等院校化学实验教学改革系列教材编委会,组织东南大学、南京航空航天大学、苏州大学、南京工业大学、江苏大学、南京信息工程大学、南京师范大学、盐城师范学院、淮阴师范学院、淮阴工学院、苏州科技学院、常熟理工学院、江苏警官学院、南京晓庄学院等十五所高校实验教学的一线教师,编写《无机化学实验》、《有机化学实验》、《物理化学实验》、《分析化学实验》、《仪器分析实验》、《无机及分析化学实验》、《普通化学实验》、《化工原理实验》和至少跨两门二级学科(或一级学科)实验内容或实验方法的《综合化学实验》系列教材。

　　该套教材在教学体系和各门课程内容结构上按照"基础—综合—研究"三层次进行建设。体现出夯实基础、加强综合、引入研究和经典实验与学科前沿实验内容相结合、常规实验技术与现代实验技术相结合等编写特点。在实验内容选择上,尽量反映贴近生活、贴近社会,与健康、环境密切相关,能够激发学生兴趣,并且具有恰当的难易梯度供选取;在实验内容的安排上符合本科生的认知规律,由浅入深、由简单到综合,每门实验教材均有本门实验内容或实验方法的小综合,并且在实验的最后增加了该实验的背景知识讨论和相关延展实验,让学有余力的学生可以充分发挥其潜力和兴趣,在课后进行学习或研究;在教学方法上,希望以启发式、互动式为主,实现以学生为主体,教师为主导的转变,加强学生的个性化培养;在实验设计上,力争做到使用无毒或少毒的药品或试剂,体现绿色化学的教学理念。这套化学实验系列教材充分体现了各参编学校近年来化学实验改革的成果,同时也是江苏省省级化学示范中心创建的成果。

　　本套化学实验系列教材的编写和出版是我们工作的一项尝试,在教材中难免会出现一些疏漏或者错误,敬请读者和专家提出批评意见,以便我们今后修改和订正。

编委会
2008 年 8 月

前　言

　　根据教育部"高等教育面向21世纪教学内容和课程体系改革计划"的精神，按照江苏省实验教学示范中心建设的总体要求，结合非化学化工类学科的发展需要和多年来的实验教学经验，编写了这本《普通化学实验》教材，作为21世纪高等学校化学实验教学改革示范教材丛书之一，为非化学化工类专业本科生提供了一套适用性强的实验教材。

　　《普通化学实验》是非化学化工专业大学普通化学及相近课程的重要组成部分，旨在为大学生提供宝贵的实践机会和创新的空间。当前，培养"厚基础、宽口径、高素质"的创新型、应用型人才已成为高等院校人才培养的共同目标。"普通化学实验"尤其注重培养学生独立思考、综合实验等实验技能和科学素养，使学生得到全面的化学素质教育。本书分四个部分。第一章为绪言，介绍普通化学实验的目的和方法，实验中的数据表达与处理，实验室规则及安全常识；介绍普通化学实验的基础知识和化学实验基本操作；第二章为普通化学实验中常用的玻璃仪器的洗涤与干燥、基本实验操作、化学试剂使用常识以及精密仪器的使用，如分析天平、酸度计、电导率仪、分光光度计等；第三、四、五章介绍实验内容，包括8个基础性实验、10个综合性实验和8个开放性实验。每个实验包括实验目的、实验原理、仪器和试剂、实验步骤、注意事项、数据记录和处理、思考题等部分；最后为附录部分及参考文献。

　　《普通化学实验》的特点：

　　1. 编者结合本校教学特色，在原实验教材的基础上，进一步精选实验内容，同时借鉴和汲取了其他实验教材中的一些经典内容。

　　2. 在注重基础实验和技能训练的基础上，优选生活化学和趣味为特点的开放性实验，以增强教材的实用性。《普通化学实验》的编写宗旨是使学生加深对化学基本理论的理解、掌握化学实验的基本操作技能，养成严格、认真和实事求是的科学态度，提高观察、分析和解决问题的能力。

　　3. 力图克服繁琐、突出重点。引导学生通过对比和鉴别掌握化学基础知识，以利于调动学生学习的积极性和主动性。

　　4.《普通化学实验》是非化学化工类大学一年级的基础实验课。由于普通化学课程涉及面广,不同专业对实验内容及实验学时的要求也随之不同,在编写实验过程中尽量做到兼顾各专业的不同要求,同时又有一定的针对性,重点在于知识性、实践性和趣味性。

5. 适用范围广。可作为综合性大学和高等师范院校类的非化学专业学生学习普通化学的实验教材,同时适合于高职、高专院校相关专业使用,也可供从事化学科学研究的人员、化学专业技术人员以及与化学密切相关的交叉学科的研究人员参考,有广泛的适用性。

本教材由王玲、刘勇健任主编,负责《普通化学实验》的内容筹划、审核、统稿和定稿。参与编写的有:南京航空航天大学:王玲、何娉婷、陈田(第一章、第二章、实验 1~2、实验 5、实验 7~8、实验 11~12、实验 14、实验 16~18、实验 21~26、附录),苏州科技学院:刘勇健、王秀玲、娄帅、王松君(实验 3~4、实验 6、实验 9~10、实验 13、实验 15、实验 19~20)。

本教材由南京大学徐培珍老师主审,并提出了宝贵意见;同时编写工作得到了各位领导和普通化学课程团队老师的大力支持,编者在此一并致以衷心的感谢。最后还要感谢书中所列参考文献的作者,以及由于疏漏等原因未列出的文献作者。

由于编者水平所限,书中难免还有疏漏和不当之处,恳请同行专家和师生批评指正。

编 者
2009 年 6 月

目　录

第一章 绪 论

§1.1 实验目的、学习方法和成绩评定

一、实验目的

化学实验是化学学科的重要组成部分。随着现代科学技术的飞速发展,化学已从经验科学走向理论与实践并重的科学,但它仍是以实验为基础,特别是新的实验手段的普遍应用极大地推动了化学学科的发展。因此基础实验始终是化学学习的重要环节。

普通化学实验是学习普通化学课程的主要环节,通过化学实验课程的开设,可以达到以下目的:

(1) 巩固、深化和扩大课堂中所学相关理论知识,为理论联系实际打下基础。

(2) 培养学生正确掌握一些实验的基本技能,学会正确使用常用仪器,获得准确的实验数据和结果。

(3) 培养学生独立工作与思考的能力,在独立准备和完成实验的过程中,细致观察和记录分析实验现象、合理处理实验数据,从中得出结论,并撰写实验报告。

(4) 培养学生实事求是的科学态度和准确、细致、整洁、有条不紊的良好实验习惯,科学的思维方法以及处理实验中一般事故的能力。

二、学习方法

实验效果与正确的学习态度和学习方法密切相关,普通化学实验的学习方法主要体现于下列三个环节:

1. 预习

充分预习实验是实验前必须完成的准备工作,是做好实验的前提。但是,预习环节往往不能引起学生足够的重视,甚至不预习就进实验室,对实验的目的、要求和内容全然不知,严重地影响实验效果。为了确保实验质量,实验前任课教师要检查每个学生的预习情况。对没有预习或预习不合格者,任课教师有权不让其参加本次实验,学生应严格服从教师的安排。

实验预习一般应达到下列要求:

(1) 阅读实验教材,明确实验的目的,知晓实验原理(若有电视录像或 CAI,应在指定时间、指定地点去观看,不可缺席)。

(2) 了解本次实验的主要内容,阅读实验中有关的实验操作技术及注意事项。

(3) 写出实验预习报告,预习报告是进行实验的依据,因此预习报告应包括简要的实验步骤与操作、定量实验的计算公式等。

2．实验

实验是培养独立工作能力和思维能力的重要环节,必须认真地、独立地完成。

(1) 按照实验内容,认真操作,细心观察,一丝不苟,如实将实验现象和数据记录在预习报告中。

(2) 对于设计性实验,审题要确切,方案要合理,现象要清晰。实验中发现设计方案存在问题时,应找出原因,及时修改方案,直到达到满意的结果。

(3) 在实验中遇到疑难问题或者有反常现象时,应认真分析操作过程,思考其原因。为了正确说明问题,可在教师指导下,重做或补做某些实验。自觉养成动脑筋分析问题的习惯。

(4) 遵守实验工作规则。实验过程中应始终保持台面布局合理、环境整洁卫生。

3．实验报告格式和要求

实验报告是每次实验的总结,反映学生的实验水平和总结归纳能力,必须认真完成。

一份合格的实验报告应包括以下五部分内容:

(1) 实验目的。通过实验,了解或掌握实验方法、操作规范及所用仪器的名称;定量测定实验还应简述实验有关基本原理和主要反应方程式。

(2) 实验原理。用简洁的语言对有关基本原理和主要反应进行全面概述。

(3) 实验内容。尽量采用表格、框图、符号等形式,清晰、明了地表示实验内容。切忌抄袭书本。

(4) 实验现象和数据记录。实验现象要正确,数据记录要完整,绝不允许主观臆造,抄袭别人实验结果,否则,本次实验按不及格处理。对现象加以简明的解释,写出主要反应方程式,分标题小结或者最后得出结论。数据计算要准确。

(5) 实验结果讨论。对本次实验成功与失败的原因和经验教训进行分析讨论,提出自己的见解或写出收获,并完成实验教材中规定的思考题。

三、实验课学生守则

(1) 实验前一定要做好预习实验准备工作,以便心中有数,科学安排时间。如要更改实验步骤或做规定以外的实验,应先征得教师同意。实验前清点所用仪器,如发现有破损或缺少,应立即报告实验指导教师。

(2) 严格遵守安全守则。学生进实验室要了解水、电、煤气开关,通风设备,灭火器材,救护用品的配备情况和安放地点,并能正确使用。使用易燃、易爆和剧毒药品时,要严格遵守操作规程,防止意外事故发生。

(3) 实验时必须认真按照实验方法或步骤进行,勤于思考,仔细分析,力争自己解决问题。做好原始数据的记录,原始数据要用钢笔或圆珠笔书写,并经老师签字。要保持肃静,集中注意力认真操作,不得擅自离开实验室去做与实验无关的工作。

(4) 爱护实验室各种仪器、设备,注意节约水、电和煤气,实验室的仪器、药品、材料不得携出室外他用。临时公用的仪器,用后要洗净,送回原处。使用精密仪器时要严格按照操作规程,避免粗枝大叶而损坏仪器。如发现仪器有故障,应立即停止使用,报告实验指导教师,及时排除故障。

(5) 按规定的量取用药品和材料。放在指定地方的药品不得擅自拿走。取用药品后,及时盖好瓶盖，以免搞错而污染药品。

（6）实验时应保持实验室和桌面清洁。待用仪器、药品要摆得井然有序。装置要求规范、美观；废纸、火柴梗、碎玻璃等固体物应丢入废物箱，不得随地乱扔或丢入水槽。实验完毕，应将仪器洗净，放入柜内，擦净桌面，洗净双手，关闭水、电、煤气闸门后方可离开实验室。

（7）值日生负责整理好公用仪器和药品，擦净地面，清理水槽和废物桶。检查电源、煤气、水龙头、玻璃窗是否关闭，以保持实验室的整洁安全。

§1.2 实验结果的表示方法

化学是一门实验的科学，要进行许多定量的测量，如常数的测定、物质组分的分析、溶液浓度的分析等等。这些测定有些是直接进行的，有些则是根据实验数据推算得出的。这些测定与计算结果的准确性如何，实验的数据如何处理，在研究这些问题时，都会遇到误差等有关问题。所以掌握测量仪器读法，树立正确的误差及有效数字的概念，掌握分析和处理实验数据的科学方法是十分必要的。

一、误差

1. 准确度、精密度与误差的概念

在定量分析的测定中，对于实验结果的准确度都有一定的要求。可是，绝对准确是没有的。在实验过程中，即使是技术很熟练的人，用最好的测定方法和仪器，对同一试样进行多次测定，也不可能得到完全一样的结果，在实验测定值与真实值之间总会产生一定的差值，这种差值越小，实验结果的准确度就越高；差值越大，实验结果的准确度就越低。所以，准确度表示实验结果与真实值接近的程度。此外，在实验中，常在相同条件下对同一样品平行测定几次，如果几次实验测定值彼此比较接近，就说明测定结果的精密度高；如果实验测定值彼此相差很多，则测定结果的精密度就低。所以精密度表示各次测定结果相互接近程度。精密度与准确度是两个不同的概念，是实验结果好坏的主要标志。精密度高不一定准确度高而准确度高一定要精密度高。精密度是保证准确度的先决条件，因为精密度低时，测得的几个数据彼此相差很多，根本不可信，也就谈不上准确度了。所以，初学者进行实验时，一定要严格控制条件，认真仔细地操作，得出精密度高的数据。

准确度的高低常用误差来表示，误差即实验测定值与真实值之间的差值。误差越小，表示测定值与真实值越接近，准确度越高。当测定值大于真实值时，误差为正值，表示测定结果偏高；若测定值小于真实值，则误差为负值，表示测定结果偏低。

误差的表示方法有两种，即绝对误差与相对误差。绝对误差表示测定值与真实值之差。相对误差表示绝对误差与真实值之比，即绝对误差在真实值中所占的百分率。

在实验工作中，由于真实值不知道，通常是进行许多次平行分析，求得其算术平均值，以此作为真实值，或者以公认的手册上的数据作为真实值。

单次测定的结果与平均值之间的偏离就称为偏差。偏差与误差一样，也有绝对偏差和相对偏差之分。

$$绝对偏差 = 单次测定值 - 平均值$$

$$相对偏差 = （绝对偏差/平均值）\times 100\%$$

从相对偏差的大小可以反映出测量结果再现性的好坏,即测量的精密度的高低,则可视为再现性好,精密度高。

2. 误差产生的原因

引起误差的原因很多,主要有两类:系统误差与偶然误差。

(1) 系统误差

系统误差是由某种固定的原因造成的。它使测定结果偏高或偏低。系统误差包括:方法误差(测定方法本身引起),仪器和试剂误差(仪器不够精确,试剂不够纯),操作误差(操作者本人的原因)。系统误差可以用改善方法、校正仪器、提纯药品等措施来减少或消除。有的也可以在找出误差原因后,算出误差的大小而加以修正。

(2) 偶然误差

这是由一些难以控制的偶然因素造成的。如仪器性能的微小变化,操作人员对备份试样处理时的微小差别等。由于引起的原因具有偶然性,所以造成的误差是可变的,有时大,有时小;有时正,有时负。通常可采用"多次测定"、"取平均值"的方法来减少偶然误差。

除了上述两类误差以外,还有由于工作粗枝大叶,不遵守操作规程等原因而造成测量误差。如果确知由于过失差错而引起的误差,则在计算平均值时应剔除该次测量的数据。

二、有效数字及运算法则

在讨论了测量误差的大小问题后,随之而来的就是如何将测量的实验结果,如实地反映出误差的大小。这就要求树立正确有效数字的概念。

1. 有效数字概念

在实验中,我们使用刻度仪器所测得数据的精确程度总是有限的。例如,50 mL 量筒,最小刻度为 1 mL,在两刻度间可估计一位,所以实际测量时读数能读至 0.1 mL,如 27.6 mL等。又如,50 mL 滴定管,最小刻度为 0.1 mL,再估计一位,可读至 0.01 mL,如 18.65 mL等。总之,在 27.6 mL 与 18.65 mL 这两个数字中,最后一位是估计出来,是不准确的。通常把只保留最后一位不准确数字,而其余数字均为准确数字的这种数字称为有效数字。也就是说,有效数字是实际能测出的数字。

由上述可知,有效数字与数学上的数有着不同的含义。数学上的数只表示大小,有效数字则不仅表示量的大小而且能反映所用仪器的准确程度。例如,"称取 NaCl 6.5 g,这不仅说明 NaCl 的质量 6.5 g,而且表示可用感量为 0.1 g(或 0.5 g)的电子天平称取就可以了。若是"称取 NaCl 6.500 0 g,则表明一定要在分析天平(感量为 0.000 1 g)上称取。这样的有效数字还表示了称量误差。对感量 0.1 g 的台秤称 6.5 g NaCl,绝对误差为 0.1 g,相对误差为:$\frac{0.1}{6.5} \times 100\% = 2\%$。

对感量为 0.000 1 g 的分析天平称 6.500 0 g NaCl,绝对误差为 0.000 1 g,相对误差为:$\frac{0.000\ 1}{6.500\ 0} \times 100\% = 0.002\%$。

所以,记录测量数据时,不能随便乱写。不然就会夸大或缩小了准确度,例如用分析天平称 6.500 0 g NaCl 后,若记成 6.50 g,则相对误差由 0.002% 夸大到 $\frac{0.01}{6.500\ 0} \times 100\% = 0.2\%$。

由上述可以看出，"0"在数字中起的作用是不同的。有时是有效数字，有时不是，这与"0"在数字中的位置有关。

（1）"0"在数字前，仅起定位作用，"0"本身不是有效数字。如 0.027 5 中数字"2"前面的两个 0 都不是有效数字，这个数字的有效数字只有三位。

（2）"0"在数字中，则是有效数字。如 2.006 5 中的两个 0 都是有效数字，2.006 5 是五位有效数字。

（3）"0"在小数的数字后，也是有效数字。如 6.500 0 中的三个 0 都是有效数字；0.003 0 中"3"前面的三个 0 不是有效数字，"3"后面的 0 是有效数字。所以，6.500 0 是五位有效数字，0.003 0 是二位有效数字。

（4）以"0"结尾的正整数，有效数字的位数不定。如 54 000，可能是二位、三位、四位甚至五位有效数字。这种数字根据有效数字情况改写为指数形式。如为二位，则写成 5.4×10^4；如为三位，则写为 5.40×10^4 等等。

此外，在化学计算中还有表示倍数或分数这样的数字。如：

H_2SO_4 溶液中质子的浓度为 $c(H^+) = 2 \times c(H_2SO_4)$。

式中的"2"是个自然数，不是测量所得，所以不能看作只有一位有效数字，而应认为是无限多位的有效数字。总之，要能正确判别与书写有效数字。

2. 数字修约规则

我国科学技术委员会正式颁布的《数字修约规则》，通常称为"四舍六入五成双"法则。即当尾数≤4时舍去，尾数为6时进位。当尾数为5时，则应考虑末位数是奇数还是偶数，5前为偶数应将5舍去，5前为奇数应将5进位。这一法则的具体运用如下：

（1）将 26.175 和 26.165 处理成 4 位有效数字，则分别为 26.18 和 26.16。

（2）若被舍弃的第一位数字大于5，则其前一位数字加1，例如 26.264 5 处理成 3 位有效数字时，其被舍去的第一位数字为6，大于5，则有效数字应为 26.3。

（3）若被舍弃的第一位数字等于5，而其后数字全部为零时，则是被保留末位数字为奇数或偶数（零视为偶），而定进或舍，末位数是奇数时进1，例如 26.350、26.250、26.050 处理成 3 位有效数字时，分别为 26.4、26.2、26.0。

（4）若被舍弃的第一位数字为5，而其后的数字并非全部为零时，则进1，例如 26.250 1，只取 3 位有效数字时，成为 26.3。

（5）若被舍弃的数字包括几位数字时，不得对该数字进行连续修约，而应根据以上各条做一次处理。如 2.154 546，只取 3 位有效数字时，应为 2.15，而不得按下法连续修约为 2.16：2.154 546→2.154 55→2.154 6→2.155→2.16。

3. 有效数字的运算规则

（1）加法和减法

在加减时，必须注意到同类、同单位的数值才能进行加、减，同时还要注意有效数字的问题。和或差的有效数字保留位数，取决于这些数值中小数点后位数最少的数字。运算时，首先确定有效数字保留的位数，弃去不必要的数字，然后再进行加减运算。例如：13.05 mL ＋ 5.3 mL ＋ 14.48 mL ＝？ 在这三个数字中，5.3 的小数点仅有 1 位数，其位数最少，故应以它为标准，取舍后是 13.0，5.3，14.5 相加，和是 32.8。

按算术的方法，得数是 32.83 mL。由于 5.3 中的 0.3 是可疑的，所以和的准确数只有两位,即 32。小数点以下第一位是可疑的。如果把得数写成 32.83 mL,实际上把精密度夸大了。所以和的正确得数的有效数字应为三位,即 32.8 mL,这个得数表明 32 是可靠的,0.8 是可疑的。

(2)乘法和除法

几个数字相乘或相除时,积或商的有效数字的保留位数,由其中有效数字位数最少的数值的相对误差所决定,而与小数点的位置无关。具体计算时,也是先确定有效数字的保留位数,然后再计算。

(a)乘法

例如 $25.62 \times 3.12 = ?$

按算术方法,得数是 79.934 4。

根据有效数字只允许一个可疑数字的原则,上面结果是不合理的,夸大了精密度。这样表示:

$$
\begin{array}{r}
2\ 5.\ 6\ 2? \\
\times)\quad\quad 3.\ 1\ 2? \\
\hline
5?\ 1?\ 2?\ 4? \\
2\ 5\ 6\ 2? \\
+)\ 7\ 6\ 8\ 6? \\
\hline
7\ 9.\ 9?\ 3?\ 4?\ 4?
\end{array}
$$

由此可见最后得数只能得到三个有效数字,所以,正确的得数应是 79.9。

又例如 $25.63 \times 3.1 = ?$ 得数只有两个有效数字,正确的得数是 79。

从上面两例可看出,得数的有效数字的个数与乘式中那个有效数字最少的数值相同。

再举一例:29×81,若用算术方法可得到 2 349,根据有效数字取位数应该是两位。但是如何写法? 写成 2 300 不行,有效数字是四位,在这样的情况下,它应写成 2.3×10^3。

如有几个相乘数据中一个位数最少(即有效数字最少)的数据,其有效数字的首数超过7,得数可以多留一位。例如 $1.259 \times 0.012\ 3 \times 0.093$,照理得数的有效数字只能取两位。也是考虑到位数最少的 0.093 的有效数字中首数 9 超过 7,在得数中可以多留一位。所以写成:$1.26 \times 0.012\ 3 \times 0.093 = 0.001\ 44$(或 1.44×10^{-3})。

如果某一数据乘上一准确数,得数的有效数字的个数与原数据相同,不受准确数的影响,3.156 的 2 倍,2 是准确的,得 $3.156 \times 2 = 6.312$,得数的有效数字仍是四位。

如果碰到一个数据乘以一个准确数,其数据中的有效数字的第一位数超过 7 则多取一位。例如:7.56×3,得数可以取四位,即 $7.56 \times 3 = 22.68$

(b)除法

除法是乘法的反面,所以乘法的一些原则完全可以适用于除法,即有效数字的个数,应与相除数据中的位数最少的个数相同。

例如:$12.5 \div 3.012 = ?$

设得数为 x,则 $12.5 \div 3.012 = x$,可写为 $12.5 = 3.012x$。按照上述原则,x 应该取三位有效数字。

$12.5 \div 3.012 = 4.15$,得数为 4.15。

如果相除数中的一个位数最少的数据,其有效数字的首数超过 7,同样可以采取乘法的原则,得数多取一位。

　　例如:1 780÷85,可写成 1.78×10³÷85＝20.9

　　总之,不论乘(或除),得数的有效数字的个数应和乘(除)式中有效数字最少的数据的个数相同,若碰到位数最少数据的有效数字的首数超过 7,在得数中可以多留一位。

　　(3) 对数运算

　　进行对数运算时,对数值的有效数字只由尾数部分的位数决定。首数部分为 10 的幂数,不是有效数字。如:2 345 为四位有效数字,其对数 $\lg 2\,345＝3.370\,1$,尾数部分仍保留四位,首数"3"不是有效数字,不能记成 $\lg 2\,345＝3.370$,这只有三位有效数字,就与原数 2 345 的有效数字位数不一致了。在化学中对数运算很多。如 pH 的计算,若 $[H^+]＝4.9\times10^{-11}$,这是两位有效数字,所以 $pH＝-\lg[H^+]＝10.31$,有效数字仍只有二位。反过来,由 pH＝10.31 计算 $[H^+]$ 时,也只能记作 $[H^+]＝4.9\times10^{-11}$,而不能记成 4.89×10^{-11}。

　　在较复杂的计算过程中,中间各步可暂时保留一位不定值数字,以免多次弃舍造成误差的积累。待到最后结果时,再弃去多余的数字。

　　目前,电子计算器应用相当普遍。由于计算器上显示的数值位数较多,虽然在运算过程中不必对每一步计算结果进行位数确定,但应注意正确保留最后计算结果的有效数字位数。

§1.3　实验室安全常识

一、实验室安全

　　(1) 实验室内禁止吸烟、进食和打闹;禁止穿拖鞋、背心进入实验室,树立良好的风气和实验秩序。

　　(2) 对于性质不明的化学试剂严禁任意混合,以免发生意外事故。

　　(3) 使用易燃的有机溶剂(酒精、乙醚、丙酮、苯等)时,应远离火源。

　　(4) 使用浓酸、浓碱、溴、洗液等具有强腐蚀性试剂时,应避免溅在皮肤和衣服上,以免灼伤。

　　(5) 产生有毒和有刺激性气体的实验,应在有通风设备的地方进行。

　　(6) 加热试管中的液体时,不能将试管口对着别人和自己,也不能俯视正在加热的液体,以免溅出的液体伤害眼、脸。

　　(7) 嗅闻气体时,不要用鼻直接对准气体逸出的瓶口或试管口,应该用手将少量气体轻轻扇向自己。

　　(8) 使用有毒试剂(汞盐、铅盐、砷盐、氰化物、氟化物和铬酸盐等)时,不要接触皮肤和洒落在桌面上,用后的废液不能随意倾入水槽,应回收统一处理。

　　(9) 实验后的残渣、金属片、滤纸等不能倒入水槽,以防管道堵塞和腐蚀,应由值日生最后统一清理。

　　(10) 使用电器设备,不能用湿手操作,以防触电。

　　(11) 实验室所有仪器和药品,不得带出室外,用毕应整理好放回原处。

　　(12) 实验完毕,应将实验台整理干净,洗净双手,并关闭水、煤气阀门,拉下电闸,关好门窗。

二、危险化学药品的使用与保存

1. 危险品分类

根据危险品的性质,常用的一些化学药品可大致分为易爆、易燃和有毒等三大类。

（1）易爆化学药品

H_2、C_2H_2、CS_2 和乙醚及汽油的蒸气与空气或 O_2 混合,皆可因火花导致爆炸。

单独可爆炸的有:硝酸铵、雷酸铵、三硝基甲苯、硝化纤维、苦味酸等。

混合发生爆炸的有:C_2H_5OH 加浓 HNO_3、$KMnO_4$ 加甘油、$KMnO_4$ 加 S、HNO_3 加 Mg 和 HI、NH_4NO_3 加锌粉和水滴、硝基盐加 $SnCl_2$、H_2O_2 加 Al 和 H_2O、S 加 HgO、钠或钾与水等。

氧化剂与有机物接触,极易引起爆炸,故在使用 HNO_3、$HClO_4$、H_2O_2 等时必须注意。

（2）易燃化学药品

可燃气体:氢、乙胺、氯乙烷、乙烯、煤气、氢气、氧气、硫化氢、甲烷、氯甲烷、二氧化硫等。

易燃液体:汽油、乙醚、乙醛、二硫化碳、石油醚、苯、甲苯、二甲苯、丙酮、乙酸乙醋、甲醇、乙醇、正丙烷、异丙醇、二氯乙烯、丙酸乙酯、煤油、松节油等。

易燃固体:红磷、三硫化二磷、萘、镁粉、铝粉等,黄磷为能自燃固体,有机物类及硝化纤维等,遇水燃烧的物品有钾、钠、CaC_2 等。

从上可以看出,大部分有机溶剂,均为易燃物质,如使用或保管不当,极易引起燃烧事故,故需特别注意。

（3）有毒化学药品

有毒气体:Br_2、Cl_2、F_2、HBr、HCl、HF、SO_2、H_2S、$COCl_2$、NH_3、NO_2、PH_3、HCN、CO、O_3、BF_3 等,具有窒息性或刺激性。

强酸、强碱均会刺激皮肤,有腐蚀作用,会造成化学烧伤。

高毒性固体:无机氰化物,As_2O_3 等砷化物,$HgCl_2$ 等可溶性汞化物,铊盐,Se 及其化合物和 V_2O_5 等。

有毒的有机物:苯、甲醇、CS_2 等有机溶剂,芳香硝基化合物,苯酚、硫酸二甲酯、苯胺及其衍生物等。

已知的危险致癌物质:联苯胺及其衍生物、N-四甲基-N-亚硝基苯胺、N-亚硝基二甲胺、N-甲基-N-亚硝基脲、N-亚硝基氢化吡啶等 N-亚硝基化合物、双（氯甲基）醚、氯甲基甲醚、碘甲烷、β-羟基丙酸丙酯等烷基化试剂,稠环芳烃,硫代乙酰胺硫脲等含硫有机化合物,石棉粉尘等。

具有长期积累效应的毒物:苯、铅化合物,特别是有机铅化合物,汞、二价汞盐和液态有机汞化合物等。

2. 易燃易爆和腐蚀性药品的使用规则

（1）对于性质不明的化学试剂严禁任意混合,以免发生意外事故。

（2）产生有毒和有刺激性气体的实验,应在有通风设备的地方进行。

（3）可燃性试剂均不能用明火加热,必须用水浴、沙浴、油浴或电热套等。钾、钠和白磷等暴露在空气中易燃烧,所以钾、钠应保存在煤油中,白磷则可保存在水中,用镊子取用。

（4）使用浓酸、浓碱、溴、洗液等具有强腐蚀性试剂时,切勿溅在皮肤和衣服上,以免灼伤。废酸应倒入废液缸,但不能往废液缸中倒碱液,以免酸碱中和放出大量的热而发生危险。浓氨水具有强烈的刺激性,一旦吸入较多氨气,可能导致头晕或昏倒,而氨水溅入眼中,严重时可能造成失明。所以,在热天取用浓氨水时,最好先用冷水浸泡氨水瓶,使其降温后再开盖取用。

(5) 对某些强氧化剂(如 $KClO_3$、KNO_3、$KMnO_4$ 等)或其混合物,不能研磨,否则将引起爆炸。银氨溶液不能留存,因其久置后会变成 Ag_3N 而容易发生爆炸。

3. 有毒、有害药品的使用原则

(1) 有毒药品(如铅盐、砷的化合物、汞的化合物、氰化物和 $K_2Cr_2O_7$ 等)不得进入口内或接触伤口,也不能随便倒入下水道。

(2) 金属汞易挥发,并通过呼吸道进入人体内,会逐渐积累而造成慢性中毒,所以取用时要特别小心,不得把汞洒落在桌面或地上。一旦洒落必须尽可能收集起来,并用硫磺粉盖在洒落汞的地方,使其转化为不挥发的 HgS,然后清除掉。

(3) 制备和使用具有刺激性、恶臭和有害的气体(如 H_2S、Cl_2、$COCl_2$、CO、SO_2、Br_2 等)及加热蒸发浓 HCl、浓 HNO_3、浓 H_2SO_4 等溶液时,应在通风橱内进行。

(4) 对一些有机溶剂,如苯、甲醇、硫酸二甲酯等,使用时应特别注意,因这些有机溶剂均为脂溶性液体,不仅对皮肤及粘膜有刺激性作用,而且对神经系统也有损害。生物碱大多具有强烈毒性,皮肤亦可吸收,少量即可导致中毒甚至死亡。因此,均需穿上工作服、戴手套和口罩使用这些试剂。

(5) 必须了解哪些化学药品具有致癌作用,取用时应特别注意,以免进入体内。

三、实验室意外事故的处理

(1) 实验室若起火,要立即一面灭火,一面防止火势蔓延(如采取切断电源,移去易燃等药品)。若因酒精、苯或乙醚等起火,应立即用湿布、石棉布或砂土(实验室应备有灭火砂箱)等扑灭。若通电器设备着火,必须先切断电源,再用二氧化碳或四氯化碳灭火器灭火,切勿用水泼救。若衣服着火,切勿惊慌,应赶快脱下衣服,用石棉布覆盖着火处或用大量水扑灭。

(2) 遇有烫伤事故,切勿用水冲洗烫伤处,可用高锰酸钾或苦味酸溶液擦洗灼伤处,再擦上凡士林或烫伤油膏。

(3) 若在眼睛或皮肤上溅上强酸或强碱,应立即用大量水冲洗。但若是浓硫酸,则应先用干布擦去,然后用大量水冲洗,再用 3% 碳酸氢钠溶液(或稀氨水)洗。若碱灼伤,需用 2% 醋酸(或硼酸)洗,最后涂些凡士林。

(4) 氢氟酸烧伤皮肤时,先用 10% 碳酸氢钠溶液(或 2% 氧化钙溶液)洗涤,再用两份甘油与一份氧化镁制成的糊状物涂在纱布上掩盖患处,同时在烧伤的皮肤下注射 10% 葡萄糖溶液。

(5) 四氯化碳有轻度麻醉作用,对肝和肾有严重损害,如遇中毒症状(恶心、呕吐),应立即离开现场,按一般急救处理,眼和皮肤受损害时,可用 2% 碳酸氢钠溶液或硼酸溶液冲洗。

(6) 金属汞易挥发,它通过人的呼吸进入人体内,逐渐积累会引起慢性中毒,所以不能把汞洒落在桌上或地上,一旦洒落,必须尽可能收集起来,并用硫磺粉盖在洒落的地方,使汞转变成不挥发的硫化汞。

(7) 一旦毒物进入口内,可把 5~10 mL 5% 硫酸铜溶液加入一杯温水中,内服后,用手指伸入咽喉部,促使呕吐,然后立即送医院。

(8) 若吸入刺激性或有毒气体,如氯气、氯化氢气体,可吸入少量酒精和乙醚的混合蒸气以解毒;若吸入硫化氢气体而感到不适或头晕时,应立即到室外呼吸新鲜空气。

(9) 被玻璃割伤时,伤口若有玻璃碎片,须先挑出,然后抹上红药水并包扎。或用 3% H_2O_2 洗后涂上碘酒,再用绷带包扎。

(10) 若有触电事故,应切断电源,必要时进行人工呼吸,对伤势较重者,应立即送医院。

第二章　实验仪器的使用方法

§2.1　玻璃仪器的洗涤与干燥

一、玻璃仪器的洗涤

普通化学实验中经常要使用各种玻璃仪器,这些仪器是否洁净,将直接影响到实验的成败与结果的准确性,所以实验前应先把仪器洗涤干净。干净的玻璃仪器应该透明的,其内壁能被水均匀润湿而不挂水珠。

根据实验的要求、污物的性质和玷污的程度的不同,应选用不同的洗涤方法。

1. 用水洗涤

此法既可洗去溶于水的物质,又可使附着在仪器上的尘土和不溶性物质脱落下来,但对油污效果并不好。在玻璃仪器内装入约1/4的水,摇荡片刻,倒掉,再装水摇荡,倒掉,如此反复操作数次。若管壁能均匀地被水所润湿而不沾附水珠,则可认为基本上已洗涤洁净。洗涤时也可使用试管刷。刷洗时,注意所用的试管刷前部的毛应是完整的,先将它捏住后放入管内,以免试管刷的铁丝顶端将试管戳破。

按上法洗净后,需再用去离子水(或蒸馏水)洗涤,以除去沾附在器壁上的自来水。洗涤的方法应用洗瓶向仪器内壁挤入少量水,同时转动所洗玻璃仪器或变换洗瓶水流方向,使水能充分淋洗内壁,每次用水量不需太多。如此洗涤2~3次后,即可使用。

2. 用去污粉、肥皂或洗涤剂洗涤

如果仪器玷污很厉害,可先用洗洁精等洗涤液处理,或者用去污粉刷洗(但不要用去污粉刷洗有刻度的量器,以免擦伤器壁)。去污粉中含有碳酸钠、白土和细沙,具有去油污和摩擦作用,适宜用于一般油污及不溶物沾附较牢的玻璃仪器的刷洗。合成洗涤剂则适用于油污较多的玻璃仪器刷洗。经去污粉或合成洗涤剂刷洗的玻璃仪器,必须要用自来水将残存的去污粉或合成洗涤剂冲洗干净才能使用,最后再用去离子水冲洗仪器2~3次。

3. 用还原性洗涤液洗涤

这类洗涤液有粗盐酸、草酸、$HCl - H_2O_2$、亚硫酸钠、酸性硫酸亚铁等不同的洗涤液。它们主要是用于洗一些不溶性的固体氧化剂,如 MnO_2 等。

4. 用洗液洗涤

洗液分强酸氧化剂洗液(用重铬酸钾和浓硫酸配成)和碱性洗液(高锰酸钾和氢氧化钠配成)两种。如洗涤剂仍不能将污物去除,可采用铬酸洗液。这种洗液具有很强的氧化性,对有机物和油污的去污能力特别强。适宜于一些对洁净程度要求较高的定量器皿(如滴定管、容量瓶、移液管等),以及一些形状特殊、不能用刷子刷洗的仪器。

一般可将需要洗涤的仪器浸泡在洗液中约十几分钟,取出后,再用水冲洗。铬酸洗液用过后如果不显绿色（Cr^{3+} 的颜色），一般仍旧倒回原瓶再用，不要随便废弃。铬酸洗液有强烈的腐蚀性，使用时必须小心，防止它溅在皮肤或衣服上。有油渍的仪器可先用热的氢氧化钠或碳酸钠溶液处理。

此外，对于一些不溶于水的沉淀垢迹，需根据其性质，选用适当的试剂，通过化学方法除去。

二、玻璃仪器的干燥

干燥玻璃仪器的方法有下列几种：

1. 晾干

把洗净的仪器置于干净的专用橱内，自然晾干。或先用少量丙酮、乙醇等有机溶剂淋洗一遍，然后自然晾干。但必须注意，若玻璃仪器洗得不够干净时，水珠便不易流下，干燥就会较为缓慢。

2. 烘干

把玻璃仪器顺序从上层往下层放入电热干燥箱（如图2-1所示）烘干，放入电热干燥箱中干燥的玻璃仪器，一般要求不带水珠。玻璃仪器口向上，带有磨砂口玻璃塞的仪器，必须取出活塞后，才能烘干，电热干燥箱内的温度控制在 $100\sim105$℃，约 0.5 h，切不可把很热的玻璃仪器取出，以免破裂，待烘箱内的温度降至室温时才能取出。当电热干燥箱已工作时则不能往上层放入湿的玻璃器皿，以免水滴下落，使热的玻璃仪器骤冷而破裂。

图2-1 DHG型电热干燥箱

3. 吹干

有时仪器洗涤后需立即使用，可采用吹干方法，即用气流干燥器（如图2-2所示）或电吹风把仪器吹干。首先将水尽量沥干后，加入少量丙酮或乙醇摇洗并倾出，先通入冷风吹 $1\sim2$ min，待大部分溶剂挥发后，吹入热风至完全干燥为止，最后吹入冷风使仪器逐渐冷却。

4. 烤干

将试管、烧杯和蒸发皿等能加热的仪器放在石棉网上，用煤气灯小火烤干。

图2-2 玻璃仪器气流烘干器

§2.2 容量器皿的使用

一、滴定管

滴定管是滴定时可以准确测量滴定剂消耗体积的玻璃仪器，它是一根具有精密刻度，内径均匀的细长玻璃管，可连续的根据需要放出不同体积的液体，并准确读出液体体积的量器。常量分析的滴定管容积有 50 mL 和 25 mL，最小刻度为 0.1 mL，读数可估计到 0.01 mL，另外还有容积为 10 mL，5 mL，2 mL，1 mL 的半微量或微量滴定管。

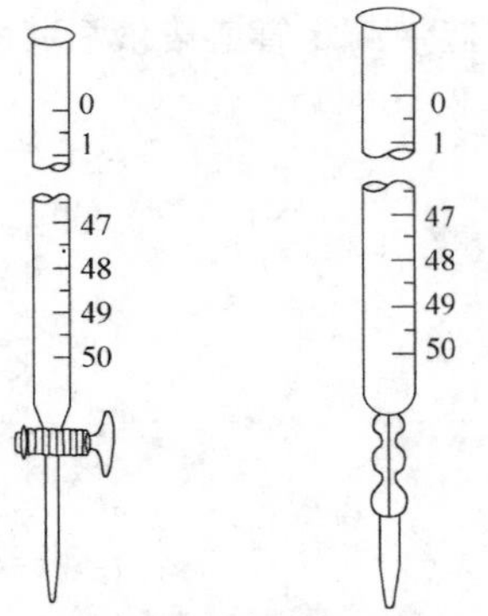

(a) 酸式滴定管　(b) 碱式滴定管

图 2-3　滴定管

滴定管一般可分为酸式滴定管和碱式滴定管两种，如图 2-3 所示。酸式滴定管下端有一玻璃活塞开关，用于装酸性溶液和氧化性溶液。不宜盛入碱性溶液，因为碱液能腐蚀玻璃，使活塞难于转动。碱式滴定管的下端连接一橡皮管，管内有玻璃珠以控制溶液的流出。橡皮管下端再连一尖嘴玻璃管。凡是能与橡皮管起反应的溶液如 $KMnO_4$、I_2、$AgNO_3$ 等，不能装在碱式滴定管中。

滴定管的使用方法主要包括：

1. 使用前的准备

(1) 检查试漏

滴定管洗净后，需检查旋塞转动是否灵活，是否漏水。先关闭旋塞，将滴定管充满水，直立约 2 min，仔细观察有无水滴滴下，并用滤纸在旋塞周围和管尖处检查。然后将旋塞旋转 180°，再次检查。如漏水，酸式管涂凡士林(正确操作见图 2-4)，碱式滴定管使用前应先检查橡皮管是否老化，检查玻璃珠是否大小适当，若有问题，应及时更换。

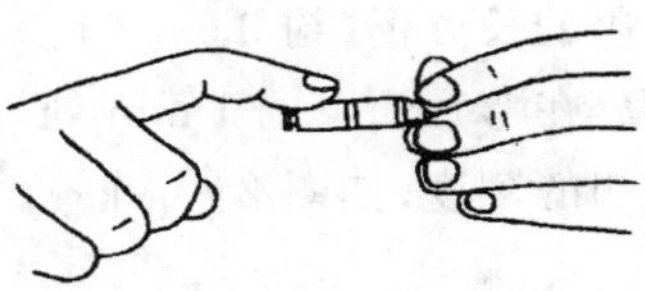

图 2-4　涂凡士林的操作

(2) 滴定管的洗涤

滴定管使用前必须先洗涤，洗涤时以不损伤内壁为原则。洗涤前，关闭旋塞，倒入约 10 mL洗液，打开旋塞，放出少量洗液洗涤管尖，然后边转动边向管口倾斜，使洗液布满全管。最后从管口放出(也可用铬酸洗液浸洗)；然后用自来水冲净。再用蒸馏水洗三次，每次 10～15 mL。

碱式滴定管的洗涤方法与酸式滴定管不同，碱式滴定管可以将管尖与玻璃珠取下，放入洗液浸洗。管体倒立入洗液中，用吸耳球将洗液吸上洗涤。

(3) 润洗

滴定管在使用前必须用操作溶液润洗三次，每次 10～15 mL。润洗液弃去。

(4) 装液排气泡

洗涤后再将操作溶液注入至零线以上，检查活塞周围是否有气泡。若有，开大活塞使溶液冲出，排出气泡。滴定剂装入必须直接注入，不能使用漏斗或其他器皿辅助。

碱式滴定管排气泡操作(如图 2-5)：将碱式滴定管体竖直，左手拇指捏住玻璃珠，使橡胶管弯曲，管尖斜向上约 45°，挤压玻璃珠处胶管，使溶液冲出，以排除气泡。

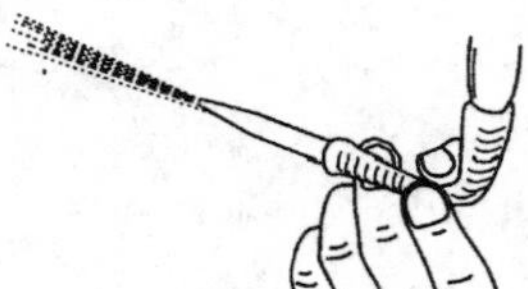

图 2-5　碱式滴定管排气泡

(5) 读初读数

放出溶液后(装满或滴定完后)需等待 1～2 min 后方可读数。读数时，将滴定管从滴定管架上取下，左手捏住上部无液处，保持滴定管垂直。视线与弯月面最低点刻度水平线相切。视线若在弯月面上方，读数就会偏高；若在弯月面下方，读数就会偏低。若为有色溶液，其弯月面不够清晰，则读取液面最高点。一般初读数控制在 0.00 或 0～1 mL 之间的任一刻度，以减小体积误差。

有的滴定管背面有一条蓝带，称为蓝带滴定管。蓝带滴定管的读数与普通滴定管类似，当蓝带滴定管盛溶液后将有两个弯月面相交,此交点的位置即为蓝带滴定管的读数位置(如图 2 - 6(a))。

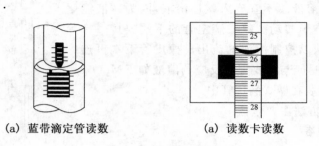

(a) 蓝带滴定管读数　　　　　(a) 读数卡读数

图 2 - 6　滴定管读数

为了读数准确,可采用读数卡,这种方法有助于初学者练习读数。读数卡可用黑纸或涂有墨的长方形(约 3 cm×1.5 cm)的白纸制成。读数时,将读数卡放在滴定管背后,使黑色部分在弯月面下的 1 mm 处,此时可看到弯月面的反射层呈为黑色,然后读与此黑色弯月面相切的刻度(如图 2 - 6(b))。

2. 滴定

(1) 滴定操作

滴定时,应将滴定管垂直地夹在滴定管夹上,滴定台面应呈白色。滴定管离锥形瓶口约 1 cm,用左手控制旋塞,拇指在前,食指、中指在后,无名指和小指弯曲在滴定管和旋塞下方之间的直角中。转动旋塞时,手指弯曲,手掌要空。右手三指拿住瓶颈,瓶底离台约 2～3 cm,滴定管下端深入瓶口约 1 cm,微动右手腕关节摇动锥形瓶,边滴边摇使滴下的溶液混合均匀(如图 2 - 7(a))。摇动锥形瓶的规范方式为:右手执锥形瓶颈部,手腕用力使瓶底沿顺时针方向画圆,要求使溶液在锥形瓶内均匀旋转,形成漩涡,溶液不能有跳动。管口与锥形瓶应无接触。

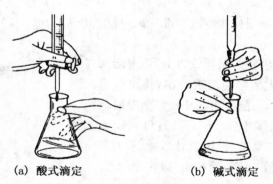

(a) 酸式滴定　　　　　(b) 碱式滴定

图 2 - 7　滴定操作

碱式滴定管操作方法:滴定时,以左手握住滴定管,拇指在前,食指在后,用其他指头辅助固定管尖。用拇指和食指捏住玻璃珠所在部位,向前挤压胶管,使玻璃珠偏向手心,溶液就可以从空隙中流出(如图 2 - 7(b))。

(2) 滴定速度

无论用哪种滴定管,都必须掌握三种加液方法:① 逐滴滴加;② 加 1 滴;③ 加半滴。

液体流速由快到慢,起初可以"见滴成线",但不要滴成"水线",之后逐滴滴下,快到终点时则要改成一滴一滴加入,即加一滴摇几下,再加,再摇。最后是半滴半滴的加入。半滴的加入方法是:小心放下半滴滴定液悬于管口,用锥形瓶内壁靠下,然后用洗瓶冲下。

(3) 终点操作

当锥形瓶内指示剂指示终点时,立刻关闭活塞停止滴定。洗瓶淋洗锥形瓶内壁。取下滴定管,右手执管上部无液部分,使管垂直,目光与液面平齐,读出读数。读数时应估读一位。

滴定结束,滴定管内剩余溶液应弃去,洗净滴定管,放在铁夹上备用。

3. 注意事项

(1) 滴定时,左手不允许离开活塞,任溶液自行流下。

(2) 滴定时目光应集中在锥形瓶内的颜色变化上,不要去注视刻度变化,而忽略反应的进行。

(3) 一般每个样品要平行滴定三次,每次均从零线开始,并及时记录在实验记录表格上,不允许记录到其他地方。

(4) 使用碱式滴定管时:

① 用力方向要平,以避免玻璃珠上下移动;

② 不要捏到玻璃珠下侧部分,否则有可能使空气进入管尖形成气泡;

③ 挤压胶管过程中不可过分用力,以避免溶液流出过快。

(5) 滴定也可在烧杯中进行,方法同上,但要用玻璃棒或电磁搅拌器搅拌。

二、容量瓶

容量瓶用于配制准确浓度的溶液,也可用来准确稀释溶液。容量瓶一般带有磨口玻璃塞或塑料塞,以容积(单位:mL)表示,有 5,10,25,50,100,250,500,1 000 等各种规格。通常容量瓶都是"量入"容量瓶,标有"In"(过去用 E 表示),当溶液充满到瓶颈标线时,表示在 20℃下,溶液体积恰好与标称容量相等;另一种是"量出"容量瓶,标有"Ex"(过去用 A 表示),当溶液充满到标线后,倒出溶液的体积恰好与瓶上的标称容量相同。

1. 准备

使用前要检查容量瓶瓶塞是否漏水,即在瓶中加水至标线,左手塞紧磨口塞,右手拿住瓶底,将瓶倒立 2 min,观察瓶塞周围是否渗水,然后将瓶直立,将瓶塞转动 $180°$,再倒立,若不漏水,即可使用。用橡皮筋将塞子系在瓶颈上,因磨口塞与瓶是配套的,搞错后会引起漏水。

容量瓶应洗涤干净,洗涤方法与洗涤滴定管相同。

2. 操作方法

如果是用固体物质配制标准溶液,先将准确称取的固体物质溶解于小烧杯中,冷却后将溶液定量转移到预先洗净的容量瓶中,转移溶液的方法如图 2-8 所示。一手拿着玻璃棒,并将它伸入瓶中;一手拿烧杯,让烧杯嘴贴紧玻璃棒,慢慢倾斜烧杯,使溶液沿着玻璃棒流下。倾完溶液后,将烧杯沿玻璃棒轻轻上提,同时将烧杯直立,使附在玻璃棒和烧杯嘴之间的液滴回到烧杯中。再用洗瓶以少量去离子水冲洗玻璃棒、烧杯 3～4 次,洗出液全部转入容量瓶中(称为溶液的定量转移)。然后用去离子水稀释至容积 2/3 处时,旋摇容量瓶使溶液混合均匀,但此时切勿倒转容量瓶。最后,继续加水稀释,当接近标线时,应以滴管逐滴加水至弯月面恰好与标线相切。盖上瓶塞,以食指压住瓶盖,另一手指尖托住瓶底缘,将瓶倒转并摇动,再倒转过来,使气泡上升到顶;如此反复多次,使溶液充分混合均匀。

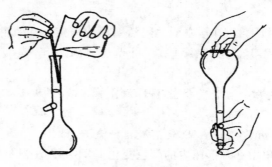

图 2 - 8　容量瓶的使用

如果把浓溶液定量稀释,则用移液管准确吸取一定体积的浓溶液放入容量瓶中,再以去离子水稀释至标线,摇匀。

稀释时放热的溶液应在烧杯中先稀释,冷却至室温,再定量转移至容量瓶,并稀释至标线,否则会造成体积误差。需避光的溶液应以棕色容量瓶配制,不要用容量瓶长期存放溶液,应转移到试剂瓶中保存,试剂瓶应先用配好的溶液荡洗 2～3 次。

三、移液管和吸量管

移液管和吸量管都是准确移取一定体积溶液的量器,移液管又称无分度吸管,是一根细长而中间膨大的玻璃管,在管的上端有一环形标线,膨大部分标有它的容积和标定时的温度,如图 2-9(a)所示。常用的移液管有 1 mL,2 mL,5 mL,10 mL,25 mL,50 mL 等规格。

吸量管是有分刻度的吸管,如图 2-9(b)所示,用以吸取所需的不同体积的溶液,常用的吸量管有 1 mL,2 mL,5 mL,10 mL 等规格。

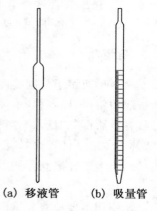

(a) 移液管　　(b) 吸量管

图 2 - 9　移液管和吸量管

1. 洗涤

移液管和吸量管一般采用橡皮洗耳球吸取铬酸洗液洗涤,也可放在高型玻筒或量筒内用洗液浸泡取出后沥尽洗液,用自来水冲洗,再用去离子水洗涤干净,放在吸管架上备用。

2. 操作方法

当第一次用洗净的移液管吸取溶液时,应先用滤纸将尖端内外的水吸净,否则会因水滴的引入而改变溶液的浓度。然后,用所要移取的溶液将移液管洗涤 3 次,以保证移取的溶液浓度不变。移取溶液时,一般用右手的大拇指和中指拿住瓶颈标线上方,将移液管插入液面下 1 cm 处,太深会使管外沾附溶液过多,影响量取溶液体积的准确性,太浅往往会产生空吸。左手拿洗耳球,先把球内空气压出,然后把球的尖端插在移液管口,慢慢松开左手指使溶液吸入管内,如图 2-10(a)所示。眼睛注意正在上升的液面位置,移液管应随容器中液面下降而降低,当液面升高到刻度以上时移去洗耳球,立即用右手的食指按住管口,将移液管提离液面,然后使管尖端靠着盛溶液器皿的内壁,略微放松食指并用拇指和中指轻轻转动移液管,让溶液慢慢流出,使液面平稳下降,直到溶液的弯月面与标线相切时,立刻用食指压紧管口,取出移液管,把准备承接溶液的容器倾斜约 45°,将移液管移入容器中,使管垂直,管尖靠着容器内壁,松开食指(图 2 - 10(b)),让管内溶液自然地全部沿器壁流下,再等待10~15 s 后,取出移液管。切勿把残留在管尖内的溶液吹出,因为在校正移液管时,已经考虑了末端所保留溶液的体积。

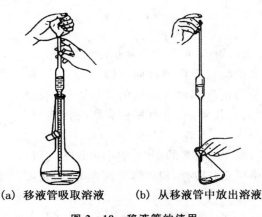

(a) 移液管吸取溶液   (b) 从移液管中放出溶液

图 2 - 10   移液管的使用

吸量管的操作方法与上述相同,但有一种吸量管,管口上刻有"吹"字的,使用时必须将吸量管内的溶液全部流出,末端的溶液也应吹出,不允许保留。

吸管使用后,应洗净放在吸管架上备用。

§2.3   加热与冷却操作

温度是决定化学反应速度以及反应发生方向的极重要的因素,在化学实验中,几乎所有实验都离不了加热与冷却操作过程。

一、加热方法

1. 常用的加热容器

实验中常用的加热玻璃器皿有烧杯、烧瓶、锥形瓶、试管等,另外还常用蒸发皿、坩埚。注意所有量器不能作为加热器皿。

2. 直接加热

(1) 加热液体

对于在较高温度下不易分解,不易燃的液体,可置于试管或烧杯以及其他器皿中直接用火焰加热。

少量的液体装在试管中加热,液体量不能超过试管容量的1/3。加热前将管壁外擦干,加热时用试管夹夹住试管的中上部,试管口朝上,微微倾斜,先预热液体的中上部,再慢慢下移,然后不时上下移动,使管壁受热均匀,如图 2 - 11 所示。注意移动过

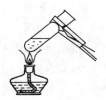

图 2 - 11   试管中液体加热

程中管口不能朝向他人,加热后试管不能放在过冷或湿的地方,以免管壁破裂。

若需加热的液体较多,可选用烧杯、烧瓶等玻璃容器加热,所加液体量一般不超过容器容量的1/2,为了受热均匀须放在石棉网上加热,如图2-12所示。若需把溶液蒸发浓缩,则要把溶液移至蒸发皿中,在泥三角上加热。蒸发皿内所盛放的液体量不应超过其容量的2/3,蒸发过程不需搅拌,以免破坏晶形,且在溶液沸腾后需改用小火慢慢加热,防止溶液喷溅。

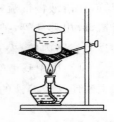

图2-12　烧杯加热

(2)加热固体

对于在高温下不易燃烧的固体,可采用直接加热法加热。

在试管中加热固体,必须将试管口稍微向下倾斜,使管口略低于管底,避免凝结在管壁的水珠倒流入灼热的试管底部,而使试管炸裂。试管可用试管夹夹住加热,也可用铁夹固定加热,如图2-13所示。

图2-13　试管中固体加热

在蒸发皿中加热固体,需注意火焰的调节,先小火预热,再逐步加大火焰,在加热过程中须充分搅拌,使固体受热均匀,防止颗粒喷溅。

当固体物质需要高温灼烧时,先把固体放在坩埚中用低温小火烘烧,然后用氧化焰灼烧(如图2-14)或在箱式电阻炉(即马弗炉)中高温灼烧(如图2-15)。加热停止,需待坩埚稍冷,然后用预热过的坩埚钳夹取坩埚,放入干燥器内冷却。

图2-14　灼烧坩埚内的固体

图2-15　SX2-4-10箱式电阻炉

4. 间接加热

当被加热的物体要求受热均匀且温度要求恒定在一定的范围内时,可采用水浴、油浴或砂浴等来进行加热。

(1)水浴加热

100℃以下温度的加热,常采用水浴。水浴可在恒温水浴锅中进行(如图2-16),容量大,控温好。也可用大烧杯代替恒温水浴锅加热,但应注意调节加热火焰大小,并可用冷热水调节水温。用水浴加热时,注意容器内受热物体应完全浸没于水浴中,但容器不能触到底部。另外注意,搅拌使物体受热均匀。

图2-16　HH型数显恒温水浴锅

（2）油浴

油浴是以介质油代替受热介质水，利用油的沸点高于水的沸点，从而达到更高的加热温度。油浴可选用甘油（150℃）和液体石蜡（200℃）等。使用油浴要小心，防着火。

二、冷却方法

1. 流水冷却

加热或反应放热后需冷至室温的溶液，可直接用自来水淋洗器壁，加速冷却。

2. 冰水浴冷却

在水中加入固体冰，可调节水温低于室温，最低可达 273 K。将需冷却的物体置于冰水浴中，可搅拌加速冷却。

3. 冰盐浴

要获取 273 K 以下的温度，可选用冰盐浴。将冰块和盐尽量磨细，充分混合后，可达到不同的低温。例如：

100 份碎冰＋4 份 $CaCl_2 \cdot 6H_2O$	264 K
3 份碎冰＋1 份 $NaCl$	252 K
冰水＋100 份 NH_4NO_3＋100 份 $NaNO_3$	238 K
4 份碎冰＋5 份 $CaCl_2 \cdot 6H_2O$	218 K

冰盐浴能达到的低温与盐种类、盐浓度有关。此外，冰盐浴应选择杜瓦瓶作容器。

4. 液氨浴

液氨浴是常用的一种冷浴，温度可在 240～228 K。

5. 干冰浴

干冰（CO_2）的相变温度为 194.5 K，干冰与有机溶剂（如丙酮、乙醇、氯仿）混合，可改善导热性能。冷浴温度也与加入的有机试剂的种类及量相关，如：

干冰＋乙醇	201 K
干冰＋丙酮	195 K
干冰＋一氯甲烷	191 K

6. 液氮浴

氮气（N_2）液化温度为 77.2 K。液氮浴一般用在合成反应与物质物化性能试验中。

§2.4　固液分离

倾泻法、过滤法、离心法是试验中常用的三种固液分离手段。

一、倾泻法

当沉淀的结晶颗粒较大或密度较大，可利用固体颗粒的重力沉降而进行液固分离。操作如下：待溶液和沉淀分层后，把上清液慢慢倒入到另一容器，沉淀留下即完成分离；如沉淀需洗涤，则直接往沉淀中加入洗涤液，用玻璃棒充分搅拌，静置沉降，倾去上清液，即完成洗涤。如需要，可重复洗涤几次。

二、过滤法

过滤法是利用多孔性介质(如滤纸、滤布)截留固液悬浮液中的固体颗粒而完成固液分离的方法。常用的过滤方法有常压过滤、减压过滤、热过滤等。

1. 常压过滤

常压过滤法是指在常压下用普通漏斗过滤的方法。当沉淀物是胶体或细小的晶体时，一般选用此法，缺点是过滤速度有时较慢。实验中使用常压过滤法时应注意：

(1) 滤纸的选择

根据沉淀的性质选择滤纸的类型。细晶形沉淀选择慢速滤纸，胶体沉淀选择快速滤纸，粗晶形沉淀选择中速滤纸。根据漏斗的大小选用滤纸的大小。

(2) 滤纸及过滤装置安装

选一张半径比漏斗边缘低 0.5 cm 大小的圆形滤纸(若为方形滤纸要剪圆)，然后把滤纸对折两次，拨开一层即折成圆锥形，如图 2-17 所示。将滤纸圆锥形三层那边的外两层撕去一小角，将滤纸放入漏斗内，然后用去离子水润湿，再用玻璃棒轻压滤纸四周，赶走气泡，使滤纸紧贴在漏斗壁上。

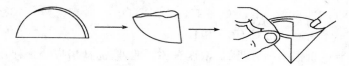

图 2-17　滤纸的折叠方法

然后将漏斗放在漏斗架上，调整高度，保证漏斗颈口在过滤过程中不接触滤液，并使漏斗颈末端紧靠下方承接器内壁，防止滤液溅出。

(3) 过滤

将玻璃棒指向三层滤纸一边，用玻璃棒引流，先倾倒溶液，后转移沉淀，注意倾入液体的高度应低于滤纸边缘，如图 2-18 所示。

(4) 洗涤

倾注完成后，洗涤玻璃棒及容器，并将洗涤水过滤。若需洗涤沉淀，则应先加入少量洗涤剂，充分搅拌，静置，待沉淀下沉后，将上方清液倒入漏斗，如此重复洗涤 2~3 次，最后将沉淀转移到滤纸上。

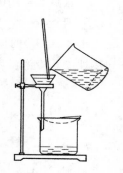

图 2-18　过滤操作

(5) 检验

检测最后流下的滤液中的离子可判断沉淀是否已洗净。

2. 减压过滤

减压过滤亦称吸滤或抽滤，它利用水泵或真空泵抽气使滤器两边产生压差而快速过滤，达到分离固-液两相的目的。它不适用于过滤胶体沉淀和细小的晶体，因为胶体沉淀在快速过滤时会透过滤纸，而颗粒细小的沉淀则会堵塞滤纸孔，使滤液难通过。减压过滤装置如图 2-19 所示，它由布氏漏斗、吸滤瓶、安全瓶、水泵(或真空泵)组成。它

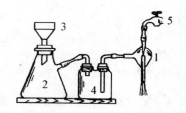

图 2-19　减压过滤的装置
1. 水泵　2. 吸滤瓶　3. 布氏漏斗
4. 安全瓶　5. 水龙头

利用水泵射出的水流带走装置内的空气而形成真空,在吸滤瓶内形成负压,布氏漏斗液面上下方压差的存在大大提高了过滤速度。减压过滤操作步骤如下:

（1）检查吸滤装置

安全瓶长管接水泵,短管接吸滤瓶,布氏漏斗下端的斜口应与吸滤瓶支口相对。

（2）选择合适大小的滤纸

滤纸应比布氏漏斗内径略小而又能将布氏漏斗瓷板上的所有小孔全部遮盖。放入滤纸后,先用少量去离子水润湿,然后开启水泵使滤纸紧贴于漏斗瓷板上。

（3）过滤

过滤操作同常压过滤操作。当停止抽滤时,应先拆开吸滤瓶的橡皮管,再关水泵,否则水会倒灌入安全瓶。

（4）洗涤

在布氏漏斗内洗涤沉淀,应先停止抽滤,然后加入少量洗涤液润湿沉淀,再接上吸滤瓶上的橡皮管,开水泵。如此反复2～3次即可。

（5）转移沉淀

当沉淀抽干后,拆开吸滤瓶上的橡皮管,关闭水泵,取下漏斗。将漏斗的颈口朝上,轻轻敲打漏斗边缘,或用洗耳球在漏斗颈口用力一吹,即可使沉淀脱离漏斗,沉淀移至滤纸上或容器中。

三、离心分离法

离心分离是分离沉淀来实现固液分离的一种方法。它是利用离心机转动产生的离心力,使比重较大的物质沉积在管底和管壁,以达到与液体分离的目的。适用于沉淀颗粒较细难于自然沉降以及沉淀量很少的固液分离。常见离心机如图2-20和图2-21所示。

图2-20　800型电动离心机

图2-21　LDZ4-1.2台式低速离心机

1. 电动离心机的使用方法

（1）将欲离心的液体,置于离心管或小试管内。并检查离心管或小试管的大小是否与离心机的套管相匹配。

（2）取出离心机的全部套管,并检查套管底部是否铺有软垫,有无玻璃碎片或漏孔(有玻璃碎片必须取出,漏孔应该用蜡封住)。

（3）将盛有离心液的两个试管放入套管,分别放入离心机相互对应的两插孔内。盖上离心机盖。打开电源开关。逐挡扭动旋钮,缓慢增加离心机转速,直至所需数值。达到离心所需时间后,将转速旋钮逐步回零,关闭电源,让离心机自然停止转动后(不可人为制动),取出离心管。

2. LDZ4-1.2 台式低速离心机的使用方法

(1) 特点及参数

该机采用自动平衡、无极调速、表显、定时等设计,价格低廉,使用方便,维护省力。最高速度:4 000 r/min;最大相对离心力:2 800 g。

(2) 使用方法

① 离心前检查:取出所有套管,启动空载的离心机,观察是否转动平稳;检查套管有无软垫,是否完好,内部有无异物;离心管与套管是否匹配。

② 离心操作:对称放置离心管,盖严离心机盖。调节转速调节钮,逐渐增加转速至所需值,记时。离心完毕后,缓慢将转速调回零。待离心机停稳后取出离心管,并将套管中的水倒净,所有套管放回离心机中。

(3) 注意事项

① 离心的启动、停止都要慢,否则离心管易破碎或液体从离心管中溅出;

② 离心过程中,若听到特殊响声,应立即停止离心,检查离心管。若离心管已碎,应清除并更换新管;若管未碎,应重新平衡。

§2.5　实验用水

水是一种宝贵的自然资源,在人类生活、工业生产、实验研究中有多种用途,如可作为传递热量的介质、反应的原料、反应的介质、工艺过程中的溶剂、洗涤剂、吸收剂。由于水是一种良好的溶剂和吸收剂,因而水往往是不纯的。普通水中常含有各种各样的杂质,如可溶性盐类、微生物、有机物等,从而对实验结果产生一定的影响,因而在化学实验中对水的质量有一定的要求,需根据所做实验对水的质量要求而合理选用不同规格的水。

一、实验用水规格

我国已建立了实验室用水规格的国家标准(GB 6682—92),规定了实验室用水的技术指标、制备及检验方法,有关技术指标见表 2-1。

表 2-1　实验室用水的级别及主要指标

指标名称	一级	二级	三级
pH 范围/298 K			5.0～7.5
电导率/298 K,ms·m^{-1}	≤0.01	≤0.10	≤0.50
吸光度/254 nm,1 cm 光程	≤0.001	≤0.01	
二氧化硅/mg·L^{-1}	≤0.01	≤0.02	

纯水质量的主要指标是电导率,可直接用电导率仪来测定。

二、纯水的制备

实验室常用的纯水为蒸馏水、去离子水和电导水。

　1.蒸馏水的制备

将自来水在蒸馏装置中加热汽化,蒸汽冷凝即得蒸馏水。水经蒸馏后可除去水中不挥发性杂质和微生物,但不能除去水中溶解的气体。此外,由于蒸馏装置的腐蚀,所以蒸馏水中会有金属离子等微量杂质。蒸馏水的电导率为 $1\,ms\cdot m^{-1}$,接近三级水。

　2.去离子水的制备

将自来水通过装有阳离子交换树脂和阴离子交换树脂的树脂交换柱,利用交换树脂中的活性基团与水中杂质离子的交换作用,可除去水中的杂质离子,得到净化水。用离子交换法得到的纯水常称为"去离子水",去离子水纯度比蒸馏水高,其在 298 K 时的电导率为 $0.1\,ms\cdot m^{-1}$,接近二级水,但去离子水中常含有微量的有机物。

　3.电导水的制备

将自来水通过由阴、阳离子交换膜组成的电渗析器,在外电场的作用下,利用阴、阳离子交换膜对水中阴、阳离子的选择透过性,除去水中杂质离子,达到净化水的目的。电导水中常含有非离子型杂质,298 K 时的电导率约为 $0.1\,ms\cdot m^{-1}$,接近二级水。

通常,纯水都要经过2~3道纯化过程,以获取尽量少的杂质含量。此外,有些实验对水还有特殊的要求,如要无氧气、无二氧化碳气体,或无 Fe^{3+}、无氨气等,这时水还需再进一步处理,才能达到使用要求。

三、纯水的使用

使用纯水应注意节约,并根据实验要求,选用适当级别的纯水。

为了使实验室使用的纯水保持纯净,取水时不能直接接触容器口,且容器口随时加塞封好。为了防止污染,在纯水周围不要存放浓盐酸、氨水等易挥发的试剂。纯水存放时间不宜过长。

§2.6　化学试剂

一、试剂的纯度等级

我国通用试剂的纯度等级,一般分为四级。试剂的纯度标准分:国家标准,符号"GB"表示;原化学工业部标准,用"HG"或"HGB"表示;地方企业标准和厂定标准,用"企业"表示。不同纯度的试剂,杂质含量不同,应根据实验要求,合理选用不同级别的试剂,我国的化学试剂等级规格见表2-2。

表 2-2　我国化学试剂等级规格

试剂级别	表示符号	标签颜色	应用范围
一级品"优级纯"	GR	绿	精密实验,分析鉴定实验
二级品"分析纯"	AR	红	定性定量分析实验,一般科学实验
三级品"化学纯"	CP	蓝	一般无机、有机化学实验
生化试剂、生物染色剂	BR	咖啡、玫红色	生物化学及医药化学实验

一般在试剂瓶的外标签上除标明纯度等级外，应标示试剂名称、化学式、物质的量浓度、技术规格、产品标准号、生产批号、厂名等，危险品和毒品还应给出相应的标志。

二、试剂的取用

1. 试剂使用规则

（1）实验用化学试剂无论是否有毒，一律不能入口。

（2）取用试剂时要用药匙或量具，取出的试剂未用完，不能再放回试剂瓶，避免交叉污染。

（3）取用易挥发液体时，瓶口不宜对着眼、口、鼻，以防蒸气伤害人体。

（4）易潮解、风化试剂，用毕瓶口需蜡封。

（5）实验后的反应物残渣、废液应倒入指定容器内，剧毒品（浓酸、毒品、强氧化剂、强腐蚀剂、有机溶剂等）需经处理才能倒入废液缸。

2. 液体试剂的取用

液体试剂一般盛放在细口玻璃瓶中，瓶塞分平顶的和带滴头的。瓶上贴有标签并标明试剂名称、浓度、纯度及日期等内容，取用前应注意标签内容是否符合实验要求。

（1）从平顶瓶塞试剂瓶取用试剂的方法如图 2-22 所示。取瓶塞时，应将取出瓶塞倒放在桌上，右手握瓶，使标签贴着手心，以瓶口靠着容器壁，缓缓倾出所需液体，让液体沿着器壁流下，倒完后，将瓶口在容器壁上靠一下，再将试剂瓶竖直，以免液滴沿外壁流下。取完试剂后立刻塞好瓶塞，把试剂瓶放回原处，瓶上标签朝外。将液体从试剂瓶里倒入烧杯时，用右手握瓶，左手拿玻璃棒，使棒的下端斜放在烧杯内，同时将瓶口靠在玻璃棒上使液体沿着玻璃棒流下，如图 2-23 所示。倒好后，立即将瓶塞塞好，试剂瓶放回原处，瓶上标签朝外。

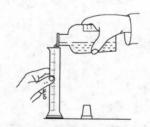

图 2-22　往试管中倒液体试剂

图 2-23　往烧杯中倒液体试剂

（2）从滴瓶取试剂时，滴瓶上的滴管严格专用，滴管必须保持垂直，避免倾斜、倒置，以免试剂流入橡皮头，腐蚀橡皮，污染试剂。滴管管口禁止伸入试管中，滴加完试剂，立即将滴管插回原试剂瓶中。

3. 固体试剂的取用

固体药品一般存放在广口瓶中，取用时使用干净、干燥的药匙，较大的块状固体用镊子夹出。用过的药匙、镊子立刻洗净、擦干，以备再用。试剂取用后应立刻塞好瓶塞，并将试剂瓶放回原处。

三、试纸的使用

实验室中经常会用试纸来定性检验某种物质的存在或测定物质的性质，普通化学实验中常用的试纸有石蕊试纸、酚酞试纸、pH 试纸、淀粉碘化钾试纸、醋酸铅试纸等,用试纸检验操作简单,使用方便。

1. 石蕊试纸和酚酞试纸

石蕊试纸有红色和蓝色两种。红色石蕊试纸遇碱变蓝,蓝色石蕊试纸遇酸变红。石蕊试纸、酚酞试纸可定性检验溶液(气体)酸碱性。

2. pH 试纸

pH 试纸有广泛 pH 试纸和精密 pH 试纸。广泛 pH 试纸测量的 pH 范围:1～14;精密 pH 试纸测量的 pH 范围分别为:2.7～4.7,3.8～5.4,5.4～7.0,6.9～8.4,8.2～10.0,9.5～13.0等,其准确度可达 0.02 个 pH 单位。实际使用时应根据待测溶液的酸碱性,来选用某一变色范围的 pH 试纸。

3. 淀粉碘化钾试纸

用以定性地检验氧化性气体(如 Cl_2、Br_2 等)。当氧化性气体遇到湿的试纸后,将试纸上的 I^- 氧化为 I_2,I_2 立即与试纸上的淀粉作用而变蓝色。

要注意的是,如果氧化性气体的氧化能力很强且气体浓度也较高,就有可能将 I^- 继续氧化成 I_2,则试纸又会褪色。

4. 醋酸铅试纸

用来定性检验 H_2S 气体。当有 H_2S 气体逸出,遇到试纸后,立即与试纸上的醋酸铅反应,生成黑色 PbS 沉淀,使试纸呈棕黑色,并有金属光泽。

四、溶液的配制

1. 溶液的浓度

溶液的浓度是指一定量的溶液或溶剂中所含溶质的量。常用的浓度表示方法见表 2-3。

表 2-3　一般溶液浓度的表示方法

名　称	定　义	单　位	举　例
物质的量浓度	1 L 溶液中含有溶质物质的量	$mol \cdot L^{-1}$	$c(1/2\ H_2SO_4) = 0.204\ 2\ mol \cdot L^{-1}$ 硫酸溶液,表示基本单元为 $1/2\ H_2SO_4$ 的物质的量浓度为 $0.204\ 2\ mol \cdot L^{-1}$。即每升含硫酸 $1/2 \times$ 硫酸相对分子量 $\times 0.204\ 2\ g$
质量百分浓度	即溶质质量占溶液质量的百分数		5%高锰酸钾溶液,即把 5 g 高锰酸钾溶于水,稀至 100 mL
体积百分浓度	100 份体积溶液中所含溶质的体积分数	L 或 mL	36%醋酸,即量取 36 mL 醋酸,加水稀至 100 mL 即成
克/升浓度	用 1 L 溶液里所含溶质的克数来表示的溶液浓度,叫做克/升浓度	$g \cdot L^{-1}$	1 L 氯化钠溶液中含有氯化钠 150 g,氯化钠溶液的克/升浓度就是 150 g $\cdot L^{-1}$
体积比例或质量比例	常用 $a+b$ 或 $a:b$ 表示。a 为溶质,b 为溶剂		(1+5)盐酸表示 1 份体积的盐酸溶于 5 份体积的水中;6:4 的碳酸钠与碳酸钾的混合试剂,是由 6 g 碳酸钠和 4 g 碳酸钾混合而成

2. 溶液的配制操作

(1) 配制溶质质量分数一定的溶液

① 计算:算出所需溶质和水的质量。把水的质量换算成体积。如溶质是液体时,要算出液体的体积。

② 称量:用天平称取固体溶质的质量;用量筒量取所需液体、水的体积。

③ 溶解:将固体或液体溶质倒入烧杯里,加入所需的水,用玻璃棒搅拌使溶质完全溶解。

(2) 配制一定物质的量浓度的溶液

① 计算:算出固体溶质的质量或液体溶质的体积。

② 称量:用托盘天平称取固体溶质质量,用量筒量取所需液体溶质的体积。

③ 溶解:将固体或液体溶质倒入烧杯中,加入适量的蒸馏水(约为所配溶液体积的1/6),用玻璃棒搅拌使之溶解,冷却到室温后,将溶液引流转入容量瓶里。

④ 洗涤(转移):用适量蒸馏水将烧杯及玻璃棒洗涤 2~3 次,将洗涤液转入容量瓶。振荡,使溶液混合均匀。

⑤ 定容:继续往容量瓶中小心地加水,直到液面接近刻度处,改用胶头滴管或洗瓶加水,使溶液凹面恰好与刻度相切。把容量瓶盖紧,再振荡摇匀。

§2.7 称量仪器

一、半自动电光分析天平

分析天平是进行精确称量的精密仪器,它的种类很多,有普通分析天平、空气阻尼天平、半自动电光天平、全自动电光天平和单盘天平等。这些天平在构造和使用方法上有所不同,但基本要点相同。在电光分析天平中,大、小砝码全部由指数盘自动加取的,称为全自动电光分析天平,1 g 以下的砝码才由指数盘操纵自动加取的,称为半自动电光分析天平。

1. 称量原理

分析天平是根据杠杆原理制成的。它用已知质量的砝码来衡量被称物体的质量。

设 ABC 杠杆的支点为 B,如图 2-24 所示,AB 和 BC 的长度相等,A、C 两点是受力点,A 点悬挂的称量物质量 Q,C 点悬挂的砝码质量 P,当杠杆处于平衡状态时,力矩相等。(Q 和 P 分别为物体和砝码的质量)

$$Q \times AB = P \times BC$$

$$\because AB = BC$$

$$\therefore Q = P$$

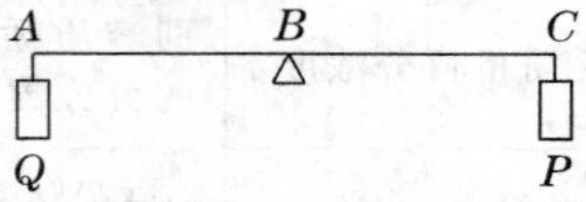

图 2-24 称量原理图

因此,当天平平衡时,砝码的质量等于被称物体的质量。

2. 分析天平的主要构件

如图 2-25 所示,以 TG328B 型分析天平为例进行介绍。

(1) 天平梁

梁上主要由三个玛瑙刀组成,中间的刀口向下,用来支撑天平。等距离的左右两边的玛瑙刀口向上,用来悬挂托盘。玛瑙刀口是天平最重要的部件,刀口好坏直接影响天平称量的

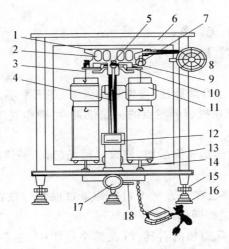

图 2-25　TG328B 型半自动电光分析天平

1. 横梁　2. 平衡砣　3. 吊耳　4. 指针　5. 支点刀　6. 框罩　7. 圆形砝码
8. 指数盘　9. 支力销　10. 折叶　11. 阻尼内筒　12. 投影屏　13. 称盘
14. 盘托　15. 螺旋脚　16. 垫脚　17. 旋钮　18. 微调杆

精确程度,使用时要尽可能保护刀口。

（2）升降旋钮

升降旋钮是控制天平工作状态和休止状态的旋钮,也就是天平的开关,它连接着托梁架、盘托和光源。使用天平时,用左手向右转动升降旋钮,天平梁就自动摆动;反之,向左转动时,天平就停止摆动。

（3）空气阻尼装置

由两个内外互相罩合而不接触的金属圆桶组成。外桶固定在立柱上,内筒倒挂在吊耳下面,利用筒内空气的阻尼力作用,使天平迅速静止。

（4）光学投影屏

当接通光源后,光源产生的光经过光学系统,使指针下端的标尺图像放大并投影在光幕上。

（5）微调杆

当天平零点（即空载平衡点）偏离零位时,可用此调节杆微调至合适位置。调节后在称量过程中不能再移动此杆。

（6）称盘和砝码

天平有两个称盘。左盘放被称物体,右盘放砝码。砝码盒内装有 $1\sim100$ g 砝码。备有镊子,以便根据需要镊取砝码。$10\sim990$ mg,可以轻轻旋转指数盘来增减圆形砝码;10 mg以下的,可由投影幕中读出。

3. 分析天平的使用方法

分析天平是较精密的仪器,称量时一定要仔细、认真。称量操作一般按下列步骤进行:

（1）称量前的准备

① 取下天平罩,折叠好,放在天平箱上面。用软毛刷清扫称盘及天平底板;

② 检查天平位置是否水平（实验室已调整妥当,学生可不必检查）;

③ 检查砝码是否齐全;

④ 圆砝码是否齐全,有无跳落;

⑤ 在台天平上粗略称量被称物;

⑥ 调整零点。

(a) 接通电源,轻轻旋动升降旋钮,慢慢启动天平,在天平不载重的情况下,检查投影屏上标尺的位置,如指针不指在投影屏零点的标线位置,可操作底座下部的微动调节杆来调整投影屏的位置,使其重合。

(b) 零点调好后,向左转动升降旋钮,使天平梁托起,天平停止摆动,以备称量。

(2) 物体的称量

① 打开天平的侧门,将已在台天平上粗略称量过的物体放在左盘的中央,镊取相当质量的砝码放在右盘中央。关好两侧门;

② 用左手慢慢地将升降旋钮向右转动(在整个过程中,左手不应离开旋钮),观察投影屏上指针偏移的情况。并按指针移动的情况增加或减少砝码,直到投影屏上出现静止到 10 mg内的读数为止;

③ 记录所称物体质量的数据;

④ 休止天平,取出物体和砝码,将指数盘还原;

⑤ 关好天平门,切断电源,最后罩上天平罩。

4. 天平读数方法

克以下读取指数盘指示的数值和投影屏上刻度的数值,克以上看右盘内的平衡砝码值。

假设先在天平右盘上放置 20 g 砝码,然后旋动圆砝码指数盘旋钮(如图 2-26),停止摆动后,投影屏上零点指示线指在图中所示位置,这时物质的质量是:

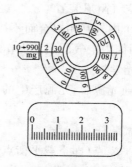

右盘砝码数	20	g
指数盘读数	0.230	g
投影屏上刻度读数	0.001 6	g
物体质量	20.231 6	g

图 2-26 圆砝码指数盘及投影屏读数

5. 分析天平的使用规则

(1) 一切操作都要细心,要轻拿轻放,轻开轻关。

(2) 不要移动天平位置。如天平发生故障,必须请指导老师帮助修理。

(3) 被称物应放在称盘中央,并不得超过天平最大载荷,不能在天平上称热的或散发腐蚀性气体的物质。不可将药品直接放在天平盘上,必须放在称量瓶、表面皿或其他容器中称量。

(4) 无论取放物体或砝码(或用砝码)时,必须将天平梁托住,休止天平。

(5) 禁止用手直接拿取砝码或圆砝码,一定要用镊子取放,称量完毕,应立即将砝码放回盒中原来位置。两盒砝码不可混用。

（6）天平的前门不得随意打开，它只供装卸、调节和维修天平用。称量过程中取放物体或增减砝码，只能打开天平的侧门。当天平两边质量接近时，必须在天平门完全关闭后，再转动升降旋钮进行称量。

（7）为了减少称量误差，做一次实验需多次称量，应使用同一台天平和同一盒砝码。

（8）称量完毕后，应检查天平是否休止，调零点。

二、电子天平

电子天平具有结构简单、方便实用、称量速度快等特点，目前广泛应用于企业和实验室，用来测定物体的质量。目前国内使用的电子天平种类繁多，无论是国产的，还是进口的；无论是大称量的，还是小称量的；无论是精度高的，还是精度低的，其基本构造原理都是相同的。正确安装、使用和维护电子天平，并获得正确的称量结果，是保证产品质量的有效方法之一。

1. 电子天平的种类

按电子天平的精度可分为以下几类：

（1）超微量电子天平

超微量天平的最大称量是 $2\sim5$ g，其标尺分度值小于（最大）称量的 10^{-6}。

（2）微量天平

微量天平的称量一般在 $3\sim50$ g，其分度值小于（最大）称量的 10^{-5}。

（3）半微量天平

半微量天平的称量一般在 $20\sim100$ g，其分度值小于（最大）称量的 10^{-5}。

（4）常量电子天平

此种天平的最大称量一般在 $100\sim200$ g，其分度值小于（最大）称量的 10^{-5}。

（5）分析天平

其实就是电子分析天平，是常量天平、半微量天平、微量天平和超微量天平的总称。

电子天平实物如图 2 - 27 和图 2 - 28 所示。选择电子天平除了看其精度，还应看最大称量是否满足量程的需要。通常取最大载荷加少许保险系数即可，也就是常用载荷再放宽一些即可，不是越大越好。

图 2 - 27 DT2001A 型电子天平（2 000 g/0.1 g）　　**图 2 - 28 FA1604 型电子天平（160 g/0.000 1 g）**

2. 电子天平的称量原理

与其他种类的天平不同，电子天平应用了现代电子控制技术进行称量，无论采用何种控制方式和电路结构,其称量依据都是电磁力平衡原理。电子天平的重要特点是在测量被测物体的质量时不用测量砝码的重力,而是采用电磁力与被测物体的重力相平衡的原理来测量的。

若称盘上加上或除去被称物时,天平则产生不平衡状态,通过位置检测器检测到线圈在磁钢中的瞬态位移,经 PID 调节器和前置放大器产生一个变化量输出,经过一系列处理使流经线圈的电流发生变化,这样使电磁力也随之变化并与被测物相抵消从而使线圈回到原来的位置,达到新的平衡状态。这就是电子天平的电磁力自动补偿电路原理。电流的变化则通过数字显示出被称物体的质量。

天平在使用过程中,其传感器和电路在工作过程中受温度影响,或传感器随工作时间变化而产生的某些参数的变化,以及气流、振动、电磁干扰等环境因素的影响,都会使电子天平产生漂移,造成测量误差。其中,气流、振动、电磁干扰等的影响可以通过对电子天平的使用条件加以约束,将其影响程度减小到最低限度。而温漂主要是来自环境温度的影响和天平内部的自身影响,其形成的原因复杂,产生的漂移大,必须加以抑制。

3. 一般操作规程

以 FA1604 型电子天平为例。

（1）调水平

天平开机前,应观察天平后部水平仪内的水泡是否位于圆环的中央,否则通过天平的地脚螺栓调节,左旋升高,右旋下降。

（2）预热

天平在初次接通电源或长时间断电后开机时,至少需要 30 min 的预热时间。因此,实验室电子天平在通常情况下,不要经常切断电源。

（3）校准天平

轻按"CAL 键",当显示器出现"CAL –"时,即松手,显示器就出现"CAL – 100",其中"100"为闪烁码,表示校准砝码需用 100 g 的标准砝码。此时就把准备好"100 g"校准砝码放上称盘,显示器即出现"————"等待状态,经较长时间后显示器出现"100.0000 g",拿去校准砝码,显示器应出现"0.0000 g",如若不为零,则再清零,再重复以上校准操作,为了得到准确的校准结果,最好反复以上校准操作两次。

（4）称量

① 按下"ON/OFF 键",接通显示器;

② 等待仪器自检。当显示器显示零时,自检过程结束,天平可进行称量;

③ 放置称量纸,按显示屏两侧的"Tare 键"去皮,待显示器显示零时,在称量纸上加所要称量的试剂称量;

④ 称量完毕,按"ON/OFF 键",关断显示器,并拨出电源插头。

4. 电子天平的维护与保养

（1）电子天平安装室的环境要求:房间应避免阳光直射,最好选择阴面房间或采用遮光办法。应远离震源,如铁路、公路、震动机等震动机械,无法避免时应采取防震措施,同时应远离热源和高强电磁场等环境;工作室内温度应恒定在 20℃ 左右为佳,相对湿度应在 45%～75% 之间;工作室内应清洁干净、避免气流、无腐蚀性气体的影响。

（2）在使用前调整水平仪气泡至中间位置,使用前进行预热。

（3）称量易挥发和具有腐蚀性的物品时，要盛放在密闭的容器中，以免腐蚀和损坏电子天平。严禁不使用称量纸直接称量。每次称量后，需清洁天平，避免对天平造成污染而影响称量精度以及影响他人的工作。

（4）经常对电子天平进行自校，保证其处于最佳状态。如果电子天平出现故障应及时检修，不可带"病"工作。

（5）操作电子天平不可过载使用，以免损坏天平。

（6）电子天平自重较轻，容易被碰撞移位，造成不水平，从而影响称量结果，所以在使用时要特别注意，动作要轻、缓，并要经常查看水平仪。

§2.8 pHS-3C 型酸度计

pHS-3C 型酸度计是一台精密数字显示 pH 计，它采用 3 位半个进制"D"数字显示。该机适用于大专院校、研究院所、工矿企业的化验室取样测定水溶液的 pH 和电位（mV）值。此外，还可配上离子选择性电极，测出该电极的电极电势。

1. pHS-3C 型酸度计的构造

仪器外型结构如图 2-29 所示。主要操作旋钮有：

（1）选择开关旋钮（pH、mV）

提供选定仪器的测定功能。

（2）温度补偿调节旋钮

用于补偿由于溶液温度不同对测量结果产生的影响。因此在进行溶液 pH 校正时，必须将此旋钮调至该溶液温度值上。

图 2-29 pHS-3C 型酸度计

（3）斜率补偿调节旋钮

用于补偿电极转换系数。由于实际的电极系统并不能达到理论上转换系数（100%）。因此，设置此调节旋钮便于用两点校正法对电极系统进行 pH 校正，使仪器能更精确测量溶液的 pH。

（4）定位调节旋钮

用于消除电极不对称电势对测量结果所产生的误差。

2. 操作步骤

（1）开机前准备

将夹在电极夹上的复合电极拉下，并将电极前端的电极套拔下；用蒸馏水清洗电极，清洗后用滤纸吸干，放回电极夹上待用；按下电源开关，电源接通后预热 30 min，接着进行标定。

（2）标定*

仪器使用前，先要标定。一般说来，仪器在连续使用时，每天要标定一次。

① 把选择开关旋钮调到 pH 挡；

② 调节温度补偿旋钮，使旋钮白线对准溶液温度值；

---

* 经标定后，定位调节旋钮及斜率调节旋钮不应再有变动。一般情况下，在 24 h 内仪器不需再标定。

③ 把斜率调节旋钮顺时针旋到底(即调到 100％位置);

④ 把清洗过的电极插入 pH＝6.86 的缓冲溶液中;

⑤ 调节定位调节旋钮,使仪器显示读数与该缓冲溶液当时温度下的 pH 相一致(如用混合磷酸盐定位温度为 10℃时,pH＝6.92)。

(3) 测量 pH

经标定过的仪器,即可用来测量被测溶液。

① 用蒸馏水清洗电极头部,用滤纸将电极头部及四周的水吸干;

② 把电极浸入被测溶液中,用玻璃棒搅拌溶液,使溶液均匀,在显示屏上读出溶液的 pH。

(4) 测量电极电势(mV)值

① 把离子选择电极或金属电极和甘汞电极夹在电极架上;

② 用蒸馏水清洗电极头部,用被测溶液清洁一次;

③ 把电极转换器的插头插入仪器后部的测量电极插座内,把离子电极的插头插入转换器的插座内;

④ 把甘汞电极接入仪器后部的参比电极接口上;

⑤ 把两种电极插在被测溶液内,将溶液搅拌均匀后,即可在显示屏上读出该离子选择电极的电极电势(mV 值),还可自动显示±极性;

⑥ 如果被测信号超出仪器的测量范围,或测量端开路时,显示屏会不亮,作超载报警。

§2.9　DDS-307 型电导率仪

DDS-307 型电导率仪是实验室测量水溶液电导率必备的仪器,它广泛地应用于石油化工、生物医药、污水处理、环境监测、矿山冶炼等行业及大专院校和科研单位。若配用适当常数的电导电极,还可用于测量电子半导体、核能工业和电厂纯水或超纯水的电导率。

1. DDS-307 型电导率仪的结构

DDS-307 型电导率仪的结构示意图如图 2-30 所示。

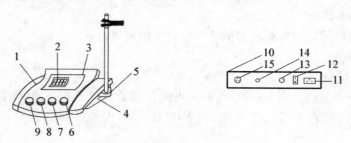

图 2-30　DDS-307 型电导率仪示意图

1. 机箱盖　2. 显示屏　3. 面板　4. 机箱底　5. 电极梗插座　6. 温度补偿调节旋钮
7. 校准调节旋钮　8. 常数补偿调节旋钮　9. 量程选择开关旋钮　10. 仪器后面板
11. 电源插座　12. 电源开关　13. 保险丝管座　14. 输出插口　15. 电极插座

2. 操作步骤

（1）开机

将电源线插入仪器电源插座,仪器必须有良好接地;按电源开关,接通电源,预热 30 min后,进行校准。

（2）校准

将"选择"开关指向"检查","常数"补偿调节旋钮指向"1"刻度线,"温度"补偿调节旋钮指向"25"度线,调节"校准"调节旋钮,使仪器显示 $100.0\ \mu S \cdot cm^{-1}$,至此校准完毕。

（3）测量

在电导率测量过程中,正确选择电导电极常数,对获得较高的测量精度是非常重要的。可配用的常数为 0.01、0.1、1.0、10 四种不同类型的电导电极。用户应根据测量范围参照表2-4 选择相应常数的电导电极。

表 2-4　电导常数的电极与测量范围

测量范围（$\mu S \cdot cm^{-1}$）	推荐使用电导常数的电极
0～2	0.01、0.1
2～200	0.1、1.0
200～2 000	1.0
2 000～20 000	1.0、10
20 000～200 000	10

注:对常数为 1.0、10 类型的电导电极有"光亮"和"铂黑"两种形式,镀铂电极习惯称作铂黑电极,对光亮电极其测量范围为 0～300 $\mu S \cdot cm^{-1}$ 为宜。

① 电极常数的设置方法:目前电导电极的电极常数为 0.01、0.1、1.0、10 四种不同类型,但每种类型电极具体的电极常数值,制造厂均粘贴在每支电导电极上,根据电极上所标的电极常数值调节仪器面板上的常数补偿调节旋钮到相应的位置。

将"选择"开关指向"检查","温度"补偿调节旋钮指向"25"度线,调节"校准"调节旋钮,使仪器显示 $100.0\ \mu S \cdot cm^{-1}$。调节常数补偿调节旋钮使仪器显示值与电极上所标常数值一致。例如:

（a）电极常数为 $0.010\ 25\ cm^{-1}$,则调节常数补偿调节旋钮,使仪器显示值为 102.5（测量值＝读数值×0.01）;

（b）电极常数为 $0.102\ 5\ cm^{-1}$,则调节常数补偿调节旋钮,使仪器显示为 102.5（测量值＝读数值×0.1）;

（c）电极常数为 $1.025\ cm^{-1}$,则调节常数补偿调节旋钮,使仪器显示为 102.5（测量值＝读数值×1）;

（d）电极常数为 $10.25\ cm^{-1}$,则调节常数补偿调节旋钮,使仪器显示为 102.5（测量值＝读数值×10）。

② 温度补偿的设置:调节仪器面板上温度补偿调节旋钮,使其指向待测溶液的实际温度值,此时,测量得到的将是待测溶液经过温度补偿后折算为25℃下的电导率值。

如果将"温度"补偿调节旋钮指向"25"刻度线,那么测量的将是待测溶液在该温度下未经补偿的原始电导率值。

③ 常数、温度补偿设置完毕,应将"选择"开关按表 2-5 置合适位置。当测量过程中,显示值熄灭时,说明测量值超出量程范围,此时,应切换"选择"开关至上一挡量程。

表 2-5　量程范围

序号	选择开关位置	量程范围($\mu S \cdot cm^{-1}$)	被测电导率($\mu S \cdot cm^{-1}$)
1	I	0～20.0	显示读数×C
2	II	20.0～200.0	显示读数×C
3	III	200.0～2 000	显示读数×C
4	IV	2 000～20 000	显示读数×C

注:C 为电导电极常数值。

例如:当电极常数为 0.01 时,C=0.01;当电极常数为 0.1 时,C=0.1;当电极常数为 1.0 时,C=1;当电极常数为 10 时,C=10。

3. 注意事项

(1)在测量高纯水时应避免污染,最好采用密封、流动的测量。

(2)因温度补偿系采用固定的 2%的温度系数补偿的,故对高纯水测量尽量采用不补偿方式进行测量后查表。

(3)为确保测量精度,电极使用前应用小于 0.5 $\mu S \cdot cm^{-1}$的蒸馏水(或去离子水)冲洗两次,然后用被测试样冲洗三次方可测量。

(4)电极插头座绝对防止受潮,以造成不必要的测量误差。

(5)电极应定期进行常数标定。

§2.10　721型分光光度计

1. 基本原理

分光光度计的基本原理是溶液中的物质在光的照射下,产生了对光的吸收效应,物质对光的吸收具有选择性。各种不同的物质都具有各自的吸收光谱,当某单色光通过溶液时,其光强就可能被吸收而减弱。见图 2-31 所示。

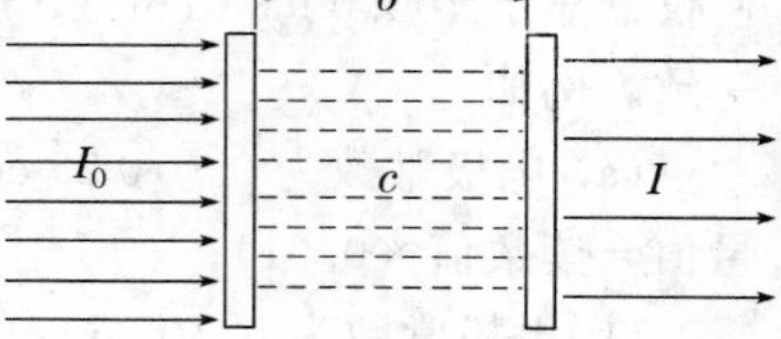

图 2-31　光吸收示意图

光强减弱的程度和物质的浓度有一定的比例关系,即符合于比色原理——朗伯-比耳定律,其表示为:

$$A = -\lg T = \lg \frac{I_0}{I} = \varepsilon \cdot b \cdot c$$

$$T = \frac{I}{I_0}$$

式中:T 为透光率;I 为透射光强度;I_0 为入射光强度;A 为吸光度;ε 为摩尔吸光系数($L \cdot cm^{-1} \cdot mol^{-1}$);$b$ 为比色皿的厚度(cm);c 为溶液的浓度($mol \cdot L^{-1}$)。

从以上公式中可以看出,当入射光强度、摩尔吸光系数和比色皿厚度不变时,透射光强度与溶液的浓度成正比。721 型分光光度计的基本原理就是根据上述物理光学现象而设计的。

2. 基本结构

仪器主机、外型结构如图 2－32 所示。

图 2－32　721 型分光光度计外型和实物图

721 型分光光度计仪器内部分成光源灯部件、单色光组件、入射光与出射光光量调节器、比色皿座部件、光电管暗盒（电子放大器）部件、稳压装置、电流变压器以及读数部分等，如图 2－33 所示。

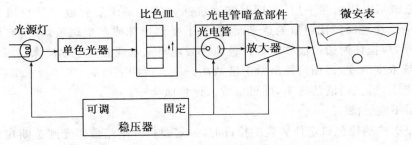

图 2－33　721 型分光光度计仪器框图

3. 使用方法

（1）校正

① 在仪器尚未接通电源时，电表的指针必须位于"0"刻度线上，若不在"0"刻度线上，则可以使用电表上的校正螺丝进行调节。

② 将仪器的电源开关接通，打开比色皿暗箱盖，仪器预热约 20 min。选择需用的单色波长，使所需波长对准波长指示窗中的红线，选择合适的灵敏度（灵敏度的选择参见③），调节"0"旋钮使电表指针指向"0"，然后将比色皿暗箱盖合上，此时比色皿架处于参比溶液校正位置，使光电管受光；再调"100％"旋钮使电表指针到满刻度附近。表 2－6 为测定各种颜色溶液时对应的测定波长。

表 2－6　不同颜色溶液的测定波长

被测溶液颜色	测定波长（nm）	被测溶液颜色	测定波长（nm）
绿	400～420	青紫	540～560
黄绿	430～440	蓝	570～600
黄	440～450	蓝绿	600～630
橙红	450～490	绿蓝	630～760
红	490～530		

③ 放大器灵敏度有五挡,是逐步增加的,"1"最低,其选择原则是保证使参比溶液的透光率能良好调到"100"的情况下,尽可能采用灵敏度较低挡,这样仪器将有更高的稳定性。所以使用时一般置"1",灵敏度不够时再逐渐升高。注意改变灵敏度后须重新校正"0"和"100％"。

④ 预热后,连续几次调整"0"和"100％",仪器即可以进行正常测定工作。

⑤ 测定的波长改变后,须重新调整"0"和"100％"。

（2）测量

把比色皿定位装置的拉杆轻轻拉出一格,使待测溶液的三只比色皿内的溶液依次进入光路内,此时在电流表上分别读取三只比色皿内溶液的吸光度或透光率。

在使用时,应经常核对电流表的"0"点位置是否有改变,然后将参比溶液推入光路,核对透光率是否为100％。

4. 注意事项

（1）仪器的连续使用不应该超过 2 h,最好是间歇 30 min 后,再继续使用。

（2）比色皿每次使用完毕后,应用蒸馏水洗净并放置晾干后存放于比色皿的盒子里。在日常使用中应注意保护比色皿的透光面,使其不受到损坏或产生斑痕,影响它的透光率。在拿比色皿时,应捏住两边的磨砂面。比色皿一般用自来水或去离子水洗涤。测定时,为了避免待测溶液浓度改变,需用待测溶液淋洗数次。注入待测溶液后,应用吸水纸将沾附在皿壁上的液体揩干,透光面清洁透明,即可以放入比色皿架中。

（3）仪器不能受潮。

（4）在每次拉动比色皿定位装置的拉杆时,一定要打开暗箱盖使光闸遮断短路,保证光电管免受不必要的光照,同时也要避免指针打弯。

§2.11　AQ4500 浊度计

AQ4500 采用浊度和吸光度的原理进行测量。测量方法符合 EPA 180.1 和 ISO 7027 测量标准,另外红外吸收率模式（IR ratio）所得结果与 EPA GLI 2 号标准方法相符。用户也可以使用"％T"（百分比透光度）,ASBC 单位（美国酿酒师协会）,EBC 单位（欧洲酿酒师协会）几个测量单位进行测量。

AQ4500 浊度仪是唯一一款完全符合 IP67 防水等级的仪表,可储存 100 组数据,并可将数据下载到电脑或直接打印。

图 2-34　AQ4500 浊度计

1. 测量原理

通过测量散射光强度得到浊度值。光束通过流通池,由固体颗粒浊度造成光的散射,然后在特定的角度对散射光进行测量。该测量方法忽略了直接通过流通池的光。

如果介质中含有吸光物质（如有色物质）,可使光束减弱 2～10 倍,从而导致错误的测量结果。消除此干扰可采用双光束来解决:测量光束和参比光束。浊度由两者的比值确定。

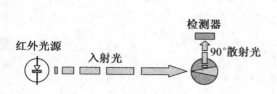

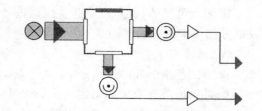

图 2-35　无颜色补偿的浊度测量　　　图 2-36　有颜色补偿的双光路、双检测器浊度测量体系

2. 操作步骤

(1) 设定菜单

按"Setup 键"进入 AQ4500 浊度计的设定菜单。

(2) 校正

AQ4500 浊度仪初次使用前必须进行校正。为获得最好的精度,每 6 个月使用一级福尔马林标准液进行一次校正,或当标准液测量值超过标准值的±10%时进行该校正。

(3) 样品的测量

① 所有样品都在室温下测量;

② 充分混合样品使其中的固体颗粒均匀分散;

③ 等比色瓶中的气泡消失后再测量(最多需要几分钟的时间);

④ 选择测量模式;

⑤ 将样品倒入洁净干燥的比色瓶中(如果样品静置后沉淀下沉,请轻轻搅动使固体颗粒重新悬浮后再倒入比色瓶);

⑥ 盖紧比色瓶;

⑦ 用软布擦拭比色瓶上的液体及指纹;

⑧ 将比色瓶插入比色槽中,盖上比色槽盖;

⑨ 按测量键;

⑩ 仪表将显示测量结果,记录或储存测量结果。并进入下一个样品的测量。

(4) 低浊度样品(<1NTU)的测量

① 使用经 0.1 mm 过滤器过滤后的低浊度水或相当浊度的水配制校正标准液。避免颗粒物和灰尘落入标准液和样品中;

② 使用完好、无划痕的比色瓶;

③ 向比色瓶中加入低浊度水并确定最低背景空白值的方向。并在比色瓶标识线以上做标记(使此标记不对光路产生干扰);

④ 在比色瓶上涂一层薄硅油以消除比色瓶的不规整。用软布将硅油在比色瓶上涂抹均匀,并擦去多余的硅油);

⑤ 勿用手接触比色瓶标识线以下的部分(光线通过的部分)。请拿比色瓶标识线以上部分,当比色瓶盖有瓶盖时,请直接拿比色瓶盖;

⑥ 使用同一标记过的比色瓶进行 1NTU 标准液的校正及低浊度样品的测量。校正之后清洁比色瓶。在进行样品测量前,向比色瓶中加入低浊度水得到一个空白值,以确定无携带污染;

⑦ 在将样品倒入比色瓶前,请先用样品润洗比色瓶几次;

⑧ 即使无可见的气泡,测量前也应该进行气泡消除。将比色瓶浸到超声波水浴中 1~2 s 或部分抽真空以除去气泡。

(5) 测量注意事项

① 保持比色瓶内外的清洁;

② 如果比色瓶有明显的划擦或被腐蚀时应丢弃;

③ 勿用手接触比色瓶标识线以下的部分;

④ 用清洁剂清洗比色瓶,并用去离子水反复冲洗,在空气中晾干;

⑤ 如果比色瓶外部有凝结物,请将样品加热至室温,擦去多余水汽,并在测量前重新混合样品。

§2.12 NDJ-1 旋转式粘度计

NDJ-1 旋转式粘度计是用于测量液体的粘性阻力与液体的绝对粘度的新型仪器。广泛适用于测定油脂、油漆、食品、药物、胶粘剂等各种流体的粘度。

1. NDJ-1 旋转式粘度计结构原理

(1) 利用齿轮系统及离合器进行变速,由专用旋转旋钮操作,分四档转速,根据测定需要选择。

(2) 按仪器不同规格附有 0~4 号五种转子,可根据被测液体粘度的高低随同转速配合选用。

图 2-37 NDJ-1 旋转式粘度计

(3) 仪器装用指针固定控制机构,为精确读数用。当转速较快时(30 转/min,60 转/min)无法在旋转时进行读数,这时可按下指针控制杆,使指针固定下来,便于读数。

(4) 保护架是为了稳定测量和保护转子。使用保护架进行测定能取得较稳定的测量结果。黄色保护圈是为了保护仪器轴连接杆不受外力侵击而影响仪器精度稳定。

(5) 仪器可手提使用,配有固定支架及升降机构,一般在实验室中进行小量和定温测定时应固定使用。

2. NDJ-1 型旋转式粘度计操作使用方法

(1) 准备被测液体,置于直径不小于 70 mm 高度不小于 130 mm 的烧杯或直筒形容器中,准确地控制被测液体温度。

(2) 将保护架装在仪器上(向右旋入装上,向左旋出卸下)。

(3) 将选配好的转子旋入轴连接杆(向左旋入装上,向右旋出卸下)。旋转升降旋钮,使仪器缓慢地下降,转子逐渐浸入被测液体中,直至转子液面标志和液面平为止,再精调水平。接通电源,按下指针控制杆,开启电机,转动变速旋钮,使其在选配好的转速档上,放松指针控制杆,待指针稳定时可读数,一般需要约 30 秒钟。当转速在"6"或"12"档运转时,指针稳定后可直接读数;当转速在"30"或"60"档时,待指针稳定后按下指针控制杆,指针转至显示窗内,关闭电源进行读数。

注意:按指针控制杆时,不能用力过猛。可在空转时练习掌握。

(4) 当指针所指的数值过高或过低时,可变换转子和转速,务使读数约在 30~90 格之间为佳。

(5) 使用 0 号转子和低粘度液测试附件可按下列步骤操作：

① 将 0 号转子装在连接螺杆上(向左旋转装上)。

② 将固定套筒套入仪器底部圆筒上,并用套筒固定螺钉拧紧。

③ 配用有底外试筒时,应在外试筒内注入 20～25 mL 的被测液体后再按下列步骤操作。配用无底外试筒时,可直接按下列步骤操作。

④ 将外试筒套入固定套筒并用试筒固定螺钉予以拧紧,旋紧时必须注意试筒固定螺钉之锥端旋入外试筒上端之三角形槽内(可在侧面的圆孔中观察试筒三角槽是否位于圆孔中心)。控制好被测液体温度后即可进行测试。

⑤ 当外试筒和转子浸入液体时,以固定套筒上的红点作为液面线。

(6) 量程、系数、转子及转速的选择

① 先大约估计被测液体的粘度范围,然后根据量程表选择适当的转子和转速。如:测定约 3 000 mPa·s 左右的液体时可选用下列配合:2 号转子……6 转/min,或 3 号转子……30 转/min。

② 当估计不出被测液体的大致粘度时,应假定为较高的粘度,试用由小到大的转子(大小指外形,以下如同)和由慢到快的转速。原则是高粘度的液体选用小的转子和慢的转速;低粘度的液体选用大的转子和快的转速。

③ 系数:测定时,指针在刻度盘上指示的读数必须乘上系数表上的特定系数才为测得的绝对粘度(mPa·s)。

$$\eta = k\alpha$$

式中:η 为绝对粘度;k 为系数;α 为指针所指示读数(偏转角度)。

④ 频率误差的修正:当使用电源频率不准时,可按下面公式修正。

名义频率实际粘度＝指示粘度/实际频率

第三章　基础实验

实验 1　分析天平的使用及摩尔气体常数 R 的测定

一、实验目的

(1) 了解分析天平的基本构造。

(2) 学习分析天平的使用方法。

(3) 了解测定摩尔气体常数 R 的方法和原理。

二、实验原理

分析天平的构造及使用方法参见第二章 §2.7。

一定量的金属镁（$W(Mg)$）和过量稀酸作用，产生一定量的氢气（$W(H_2)$）。在一定温度（T）和压力（p）下，测定被置换出的氢气体积（$V(H_2)$），根据分压定律，算出氢气的分压为：

$$p(H_2) = p - p(H_2O)$$

式中：$p(H_2)$ 为氢气的分压（Pa）；p 为气压表上测得的大气压；$p(H_2O)$ 为该温度下水的饱和蒸汽压（可由附表 3 查知）。

$$V(H_2) = \Delta V$$

式中：ΔV 为量气管中混合气体体积的变化值。

假设在实验条件下，氢气服从理想气体的状态方程，可根据理想气体方程式算出摩尔气体常数 R：

$$R = \frac{p(H_2) \cdot V(H_2) \cdot 2.016}{W(H_2) \cdot T}$$

$$W(H_2) = \frac{W(Mg)}{M(Mg)} \times 2.016$$

式中：$M(Mg) = 24.31(g \cdot mol^{-1})$（镁的摩尔质量）；$V(H_2)$ 为作用前后量气管内液面位置之差。

三、实验仪器与试剂

1. 实验仪器

TG328B 型半自动电光分析天平（0.000 1 g）、电子天平（0.1 g）、表面皿、量气管、试管、水平管、乳胶管、橡皮管、滴定台、滴定管夹、烧杯（300 mL）、量筒（10 mL）、玻璃棒、温度计（公用）、气压计（公用）。

2. 实验试剂

硫酸($2.0\ mol \cdot L^{-1}$)、纯镁条。

四、实验步骤

（1）用电子天平粗略称量镁条和表面皿质量。

① 从干燥器中取出一段镁条,镁条表面应呈白色光亮,如发暗,应先用砂纸将暗色的氧化膜擦去;

② 将镁条放在表面皿中,一起放在电子天平上称量质量。

（2）在分析天平上用减量法称量镁条的质量(按照半自动电光分析天平的使用方法及使用规则进行称量):

① 调整分析天平零点;

② 称出镁条连同表面皿的总质量(A);

③ 将镁条取出,放在一干净的蜡光纸上,再称表面皿的质量(B)。

两次所称量之差($A-B$),即为镁条的质量,称得的镁条质量一般应在 $0.020\ 0 \sim 0.030\ 0\ g$ 之间。

（3）按图 3-1 装配仪器,拨下试管并向水平管中注入自来水,使量气管内的液面等于或略低于刻度"0"的位置(为什么不一定恰好在"0"处),将试管装上。

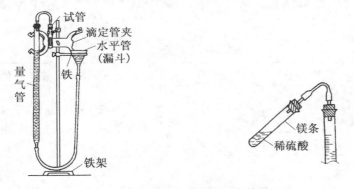

图 3-1　摩尔气体常数的测定装置

（4）检查装置的气密性:将水平管下移一段距离($10 \sim 15\ cm$ 处左右)并固定下来。如果量气管中液面稍稍下降,而且 $2 \sim 3\ min$ 内不再变动,则说明系统不漏气。如装置漏气,量气管的液面不断下降(为什么?),同时水平管的液面不断地上升,即两管的液面有趋于一致的现象,此时要仔细检查原因(各接口处是否严密),重复试验,直至不漏气为止,如果装置不漏气,即可将水平管放到原来的位置上。

（5）取下试管,用量筒加入 $5\ mL\ 2.0\ mol \cdot L^{-1}\ H_2SO_4$ 到试管内(切勿使酸沾在试管壁上,为什么?),用少量水沾镁条于试管上部壁上,用玻璃棒缓缓推至靠近稀硫酸,但不接触稀 H_2SO_4,小心塞紧橡皮塞,再次检查是否漏气。

（6）调整水平管的位置,使量气管内的液面和水平管内的液面在同一水平面上,记下量气管中的液面位置。

（7）把试管底部略为提高,以使镁条和 H_2SO_4 接触,这时由于反应产生的氢气进入量气管把管中的水压入水平管内。为了避免管内压力过大,在管内液面下降时,水平管也相应地向下移动,使管内液面与水平管液面大体保持同一水平。

（8）镁条反应完毕后,待试管冷至室温,然后使水平管与量气管的液面处于同一水平,记下液面位置。稍等 $1\sim2\,min$,再记录液面位置。如读数相等,表明试管内气体温度已与室温一样,记下最后读数。

（9）计算摩尔气体常数 R,作相对误差分析。若相对误差大于 5%,则应重做。

五、实验数据记录与处理

（1）称取的镁条质量

表 3-1 称量数据记录

实验项目		记录数据(g)
粗称	表面皿＋镁条	
分析天平称量	表面皿＋镁条(A)	
	表面皿(B)	
	镁条质量($A-B$)	

（2）记录摩尔气体常数 R 的测量参数,计算摩尔气体常数 R 的测量值和相对误差,并进行误差分析。

表 3-2 测量数据记录

实验项目	记录数据
实验室温度/K	
室温下水的饱和蒸汽压/Pa	
大气压力/Pa	
氢气的分压/Pa	
反应前量气管内液面读数/mL	
反应后量气管内液面读数/mL	
反应产生的氢气的体积/mL	
R /mL・Pa・g^{-1}・K^{-1}	
相对误差	

六、实验思考题

（1）怎样调整电光分析天平的零点?

（2）在取放物体和砝码时,为什么必须先休止天平?

（3）为了保护天平的玛瑙刀口,操作时应注意什么? 以下操作能否允许?

① 在砝码和称量物的质量悬殊很大的情况下,完全打开升降旋钮;

② 急速地打开或关闭升降旋钮;

③ 未关升降旋钮就加减砝码或取下称量物。

（4）使用砝码应该注意什么问题？

（5）电光分析天平是怎样读数的？

（6）下列情况对称量读数有无影响？

① 用手直接拿取砝码；

② 未关天平玻璃门。

（7）计算摩尔气体常数 R 时，要用到哪些实验数据，如何得到？

（8）考虑下列情况对实验结果有何影响？

① 量气管和橡皮管内的气体没有赶净；

② 镁条装入时碰到酸；

③ 装置漏气。

（9）在镁条与稀酸作用后，为什么要等试管冷却到室温时方可读数？

实验 2　化学反应摩尔焓变的测定

一、实验目的

（1）了解化学反应焓变的测定原理，学会焓变的测定方法。

（2）掌握分析天平、容量瓶和移液管等基本操作。

二、实验原理

化学反应中常伴随着能量的变化。化学反应中放出或吸收的热量称为反应的热效应。若是在等压不做非体积功的条件下，化学反应的热效应等于反应系统的焓变。于是，测定化学反应的焓变，实际上是测定化学反应在等压下的热效应。

本实验测定锌粉和硫酸铜溶液反应的摩尔焓变，方程式为：

$$Zn + CuSO_4 \Longrightarrow ZnSO_4 + Cu$$

例如，在 298.15 K 温度下，1 mol 锌置换硫酸铜溶液中 1 mol 铜离子时，放出 −218.66 kJ 的热量，即反应 $Zn + Cu^{2+} \Longrightarrow Zn^{2+} + Cu$ 的焓变 $\Delta_r H_m(298.15 \text{ K}) = -218.66 \text{ kJ} \cdot \text{mol}^{-1}$。

测定反应热的方法很多。本实验是在一个保温杯式量热计中进行的，如图 3 − 2（a）所示。

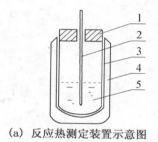　　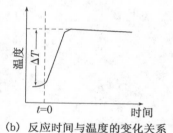

（a）反应热测定装置示意图　　　　（b）反应时间与温度的变化关系

图 3 − 2　实验测定装置及外推法

1. 保温杯盖　2. 温度计　3. 真空隔热层　4. 保温杯外壳　5. $CuSO_4$ 溶液

由溶液的比热和反应前后溶液温度的变化可以求出上述反应的摩尔焓变：

$$\Delta_r H_m = q_p$$

$$q_V = -c_s \cdot m \cdot \Delta T = -c_s \cdot \rho \cdot V \cdot \Delta T (\text{J})$$

$$q_p = q_V (\text{体积功为 } 0)$$

式中：$\Delta_r H_m$ 为化学反应摩尔焓变；q_p 为恒压反应热；q_V 为恒容反应热；c_s 为反应后溶液的比热容（$\text{J} \cdot \text{g}^{-1} \cdot \text{K}^{-1}$）；$\rho$ 为溶液的密度（$\text{g} \cdot \text{mL}^{-1}$）；$\Delta T$ 为反应前后溶液温度的改变（K）；m 为 $ZnSO_4$ 溶液的质量（g）；V 为反应后溶液的体积（mL）。

由于本实验所用简易量热器并非严格的绝热系统，因此反应放出的热量不可避免会少量传给环境，实验测定的最高温度不能客观反映由反应热引起的真正温差，所以要通过外推法进行校正。其方法是，以测定的温度为纵坐标，时间为横坐标作图，如图 3 − 2（b）所示，按虚线外推到混合时间（$t = 0$），得校正后的 ΔT。

三、实验仪器与试剂

1. 实验仪器

分析天平（0.1 mg）、电子天平（0.01 g）、温度计（0～100℃）、容量瓶（250 mL）、移液管（50 mL）、量热器、玻璃棒、烧杯、洗耳球、滤纸。

2. 实验试剂

硫酸铜 $CuSO_4 \cdot 5H_2O$ 晶体（AR）、锌粉（CP）。

四、实验步骤

（1）本实验所用的量热器是用市售的家用小保温瓶改制而成。用前先用自来水、蒸馏水依次冲洗干净后，倒置保温瓶，将瓶内水倒净。

（2）用分析天平精确称取欲配制 250 mL 0.2 mol·L^{-1} $CuSO_4$ 溶液所需要的 $CuSO_4 \cdot 5H_2O$（相对分子量 $M = 249.68$）晶体，用 250 mL 容量瓶定容配制成溶液。

（3）用移液管准确移取 50 mL 所配制的 $CuSO_4$ 溶液，注入已经洗净的量热器中。在保温瓶盖中央插入一支温度计，调整好温度计的位置，使温度计的测温点在溶液中，盖好盖子。

（4）用电子天平称取锌粉约 1.5 g。

（5）双手扶正、握稳量热器的外壳，不断沿桌面轻轻晃动，使溶液搅动，每隔 30 s 记录一次温度，直至量热器内溶液与量热器温度达到平衡，而温度计指示的数值保持不变时为止（一般约 2～3 min）。

（6）开启量热器的盖子，迅速倒入已称好的锌粉，并立即盖好盖子，不断沿桌面摇动溶液，每隔 15 s 记录一次温度。待温度上到最高点后，再继续测定 2 min，测定方可终止。

（7）每组测定两次取最佳数据。

五、实验数据记录与处理

（1）作温度（T）-时间（t）图，用外推法求得到反应前后温度的变化 ΔT。

（2）取溶液的比热容 c_s 为 4.18 J·g^{-1}·K^{-1}，溶液的密度 ρ 为 1.0 g·mL^{-1}（近似看作水），根据公式计算 $\Delta_r H_m$。

（3）计算相对误差：$\dfrac{\Delta_r H_{m测量值} - \Delta_r H_{m理论值}}{\Delta_r H_{m理论值}} \times 100\%$，并对造成误差的主要原因进行分析。

六、实验思考题

（1）为什么本实验所用的 $CuSO_4$ 溶液的浓度和体积必须准确，而实验中所用锌粉为何不用分析天平精确称量？

（2）实验中为什么要不断搅拌溶液并注意温度的变化？

（3）为什么要外推法求 ΔT？

实验 3　化学反应速率和反应级数的测定

一、实验目的

（1）了解测定 Fe^{3+} 与 I^- 反应的级数的原理和方法。

（2）加深对浓度与反应速率定量关系-反应速率方程式的理解。

（3）学习滴定管的使用方法。

（4）学习实验数据的作图法处理。

二、实验原理

一定温度下，硝酸铁与碘化钾发生如下反应：

$$2Fe^{3+} + 2I^- \!=\!\!=\!\! 2Fe^{2+} + I_2 \tag{3-1}$$

该反应的平均反应速率与反应物浓度的关系可以用反应速率方程式表示如下：

$$\upsilon = \frac{-\Delta c(Fe^{3+})}{\Delta t} \approx k \cdot \{c(Fe^{3+})\}^x \cdot \{c(I^-)\}^y$$

式中：$\Delta c(Fe^{3+})$ 为 Fe^{3+} 在 Δt 时间内物质的量浓度的改变量；$c(Fe^{3+})$，$c(I^-)$ 分别为两种离子初始浓度（$mol \cdot L^{-1}$）；k 为反应速率常数；x 和 y 为反应级数。

为了能够测定 $\Delta c(Fe^{3+})$，在混合 $Fe(NO_3)_3$ 溶液和 KI 溶液时，同时加入一定体积的已知浓度的 $Na_2S_2O_3$ 溶液和作为指示剂的淀粉溶液，这样在反应（3-1）进行的同时，也进行着如下反应：

$$2S_2O_3^{2-} + I_2 \!=\!\!=\!\! S_4O_6^{2-} + 2I^- （非常迅速） \tag{3-2}$$

反应式（3-2）进行得非常快，几乎瞬间完成，而反应（3-1）却慢得多，由反应式（3-1）生成的 I_2 立刻与 $S_2O_3^{2-}$ 作用生成无色的 $S_4O_6^{2-}$ 和 I^-，因此，在反应开始阶段，看不到碘与淀粉作用而显示出来的特有蓝色。但是一旦 $Na_2S_2O_3$ 耗尽，反应（3-1）继续生成的微量 I_2，立即使淀粉溶液显蓝色。所以蓝色的出现就标志着反应（3-2）的完成。

由反应（3-1）和（3-2）的化学计量关系可以看出，反应中 Fe^{3+} 的物质的量与 $S_2O_3^{2-}$ 的物质的量的消耗量相当，或者说，它们的浓度变化相等，即在时间间隔 Δt 内，$\Delta c(Fe^{3+}) = \Delta c(S_2O_3^{2-})$。因此，平均反应速率为：

$$\upsilon = \frac{-\Delta c(Fe^{3+})}{\Delta t} = \frac{-\Delta c(S_2O_3^{2-})}{\Delta t}$$

由于 Fe^{3+} 在溶液出现蓝色时已经全部耗尽，所以 $\Delta c(S_2O_3^{2-})$ 实际上就是反应开始时 $Na_2S_2O_3$ 的起始浓度 $c_0(S_2O_3^{2-})$。因此，只要记下从反应开始到溶液出现蓝色所需要的时间 Δt，就可以计算反应（3-1）的平均反应速率。

在一定的温度下，固定 $\Delta c(S_2O_3^{2-})$，改变 $\Delta c(Fe^{3+})$、$\Delta c(I^-)$ 的条件下进行一系列实验，测得不同条件下的反应速率，然后以 $\lg\upsilon$ 对 $\lg c_0(Fe^{3+})$ 或以 $\ln\upsilon$ 对 $\ln c_0(Fe^{3+})$ 作图，所得直线的斜率即为 x；以 $\lg\upsilon$ 对 $\lg c_0(I^-)$ 或以 $\ln\upsilon$ 对 $\ln c_0(I^-)$ 作图，所得直线的斜率即为 y，就能根据 $\upsilon = k \cdot \{c(Fe^{3+})\}^x \cdot \{c(I^-)\}^y$ 的关系推出反应级数。

再由下式进一步求出反应速率常数 k：

$$k = \frac{\upsilon}{\{c(Fe^{3+})\}^x \cdot \{c(I^-)\}^y}$$

三、实验仪器与试剂

1. 实验仪器

烧杯(100 mL，8 只)、水浴锅(塑料盆)、量筒(10 mL，50 mL)、白瓷板、玻璃棒、温度计(0～100℃)、秒表、酸式滴定管(2 支)、碱式滴定管(2 支)。

2. 实验试剂

HNO_3(0.15 mol·L^{-1})、$Fe(NO_3)_3$(0.04 mol·L^{-1})、KI(0.04 mol·L^{-1})、$Na_2S_2O_3$(0.004 mol·L^{-1})、淀粉(1%)。

四、实验步骤

1. 对反应物 Fe^{3+} 级数及反应速率的测定

(1) 将 $Fe(NO_3)_3$、HNO_3 分别装入酸式滴定管，KI、$Na_2S_2O_3$ 分别装入碱式滴定管，调节刻度；H_2O 和淀粉溶液可分别用 50 mL、10 mL 的量筒量取。

(2) 取 4 只烧杯分成 A、B 各 4 组，并作好标记。按下表 3-3 中的 I～IV 的配比，准确量取各种溶液，置于相应的烧杯中，混合均匀，配成 A 液与 B 液。

表 3-3　Fe^{3+} 反应级数测定的溶液配比

	实验编号	I	II	III	IV
V_A/mL	0.04 mol·L^{-1} $Fe(NO_3)_3$	25.00	20.00	15.00	10.00
	0.15 mol·L^{-1} HNO_3	5.00	10.00	15.00	20.00
	H_2O	20.0	20.0	20.0	20.0
V_B/mL	0.04 mol·L^{-1} KI	10.00	10.00	10.00	10.00
	0.004 mol·L^{-1} $Na_2S_2O_3$	10.00	10.00	10.00	10.00
	H_2O	25.0	25.0	25.0	25.0
	1%淀粉	5.0	5.0	5.0	5.0

(3) 测量室温水浴(测定盛放 A、B 液的塑料盒内的水温)。

(4) 将 B 液迅速倒入 A 液混合，同时用秒表开始计时，立即用玻璃棒搅拌，当出现蓝色，立即停表，即 Δt。

(5) 根据实验数据，计算 $\lg\upsilon$ 和 $\lg c_0(Fe^{3+})$，然后以 $\lg c_0(Fe^{3+})$ 为横坐标，$\lg\upsilon$ 为纵坐标作图，求直线斜率 x。

2. 对反应物 I^- 级数及反应速率的测定

同理，测定 I^- 的级数 y 时，应使温度及 Fe^{3+} 的浓度等其他反应条件保持不变。通过测定 I^- 不同起始浓度 c_0 时的反应速率 υ，然后以 $\lg\upsilon$ 对 $\lg c_0(I^-)$ 或以 $\ln\upsilon$ 对 $\ln c_0(I^-)$ 作图，所得直线的斜率即为 y。

(1) 取 4 只烧杯分别分成 A、B 各 4 组，并作好标记。按下表 3-4 中的 V～VIII 的配比，准确量取各种溶液，置于相应的烧杯中，混合均匀，配成 A 液与 B 液。

表 3 - 4　I⁻反应级数测定的溶液配比

	实验编号	V	VI	VII	VIII
V_A/mL	$0.04\ mol \cdot L^{-1}\ Fe(NO_3)_3$	10.00	10.00	10.00	10.00
	$0.15\ mol \cdot L^{-1}\ HNO_3$	20.00	20.00	20.00	20.00
	H_2O	20.0	20.0	20.0	20.0
V_B/mL	$0.04\ mol \cdot L^{-1}\ KI$	10.00	15.00	20.00	25.00
	$0.004\ mol \cdot L^{-1}\ Na_2S_2O_3$	10.00	10.00	10.00	10.00
	H_2O	25.0	20.0	15.0	10.0
	1%淀粉	5.0	5.0	5.0	5.0

（2）将 B 液迅速倒入 A 液混合，同时用秒表开始计时，立即用玻璃棒搅拌，当出现蓝色，立即停表，即 Δt。

（3）根据实验数据，计算 $\lg \upsilon$ 和 $\lg c_0(I^-)$，然后以 $\lg c_0(I^-)$ 为横坐标，$\lg \upsilon$ 为纵坐标作图，求直线斜率 y。

五、实验数据记录与处理

1. 反应物 Fe^{3+} 级数的测定

表 3 - 5　Fe^{3+} 级数的测定

实验编号	I	II	III	IV
水浴的平均温度 T/K				
反应时间 Δt/s				
$S_2O_3{}^{2-}$ 的浓度变化 $\Delta c(S_2O_3{}^{2-})/(mol \cdot L^{-1})$				
反应速率 $\upsilon(mol \cdot L^{-1} \cdot s^{-1})$				
$\lg \upsilon$				
$c_0(Fe^{3+})(mol \cdot L^{-1})$				
$\lg c_0(Fe^{3+})$				
x				

2. 反应物 I^- 级数的测定

表 3 - 6　I^- 级数的测定

实验编号	V	VI	VII	VIII
水浴的平均温度 T/K				
反应时间 Δt/s				
$S_2O_3{}^{2-}$ 的浓度变化 $\Delta c(S_2O_3{}^{2-})/(mol \cdot L^{-1})$				
反应速率 $\upsilon(mol \cdot L^{-1} \cdot s^{-1})$				

续表

实验编号	V	VI	VII	VIII
$\lg v$				
$c_0(I^-)(mol \cdot L^{-1})$				
$\lg c_0(I^-)$				
y				

六、实验思考题

（1）由反应方程式能否确定反应级数？为什么？

（2）反应中为什么可由反应溶液从混合到出现蓝色所需时间间隔 Δt 来求得反应速率？反应溶液出现蓝色后，反应是否就已终止？

（3）反应溶液出现蓝色的时间间隔 Δt 的长短取决于哪些因素？实验中应如何操作，才能较准确地测得 Δt 的数值？

（4）做图时应注意哪些问题？为什么要用 $\lg c_0(Fe^{3+})$[或 $\lg c_0(I^-)$]与 $\lg v$ 作图？若分别用 $c_0(Fe^{3+})$、v 作横坐标和纵坐标作图，结果如何？

实验 4 醋酸解离度与解离常数的测定

一、实验目的

(1) 了解用 pH 计测定醋酸的解离度和解离常数的原理和方法。

(2) 加深对弱电解质解离平衡的理解。

(3) 学习 pH 计的使用方法。

二、实验原理

醋酸（HAc）是弱电解质，在水溶液中存在着下列的解离平衡：

$$HAc \rightleftharpoons H^+ + Ac^-$$

起始浓度（$mol \cdot L^{-1}$）　c　　0　　　0

平衡浓度（$mol \cdot L^{-1}$）　$c-c\alpha$　$c\alpha$　　$c\alpha$

$$K_{HAc} = \frac{c(H^+)c(Ac^-)}{c(HAc)} = \frac{(c\alpha)^2}{c-c\alpha} = \frac{c\alpha^2}{1-\alpha}$$

式中：K_{HAc} 为醋酸的解离常数；c 为醋酸的起始浓度；α 为醋酸的解离度。

在一定温度时，用 pH 计（酸度计）测定一系列已知浓度醋酸的 pH，按 $pH = -\lg c(H^+)$ 换算成 $c(H^+)$。根据 $c(H^+) = c\alpha$，即可求得一系列对应的醋酸的解离度 α 和 $\frac{c\alpha^2}{1-\alpha}$ 值，在一定温度下，$\frac{c\alpha^2}{1-\alpha}$ 值近似地为一常数，取所得的一系列 $\frac{c\alpha^2}{1-\alpha}$ 的平均值，即为该温度时醋酸的解离常数 K_{HAc}。K_{HAc} 为温度函数，在 $10 \sim 30℃$ 范围内，$K_{HAc} = 1.76 \times 10^{-5}$。

酸度计（如 pHS - 3C 型）的使用方法见第二章 §2.8。该酸度计配用玻璃复合电极，它包括两个电极即指示电极（玻璃电极）和参比电极（Ag - AgCl 电极）。两个电极都装在同心的玻璃管中。电极下端是一个玻璃泡，在它的上方有一直径约 2 mm 的陶瓷芯液界。陶瓷芯是多孔空心的。当电极插入溶液之后，它把溶液和 Ag - AgCl 电极的饱和 KCl 溶液接通成为盐桥。玻璃电极内部的内参比电极通过玻璃和溶液接通。内参比电极与插头端头接通的是负极，外参比电极与插头根部接通的是正极。

玻璃复合电极插在溶液中就是测 pH 的工作池，电池电动势由于玻璃泡的作用，随着溶液 pH 的变化而变化，关系式如下：

$$E = -58.16 \times \frac{273+T}{298} \times \Delta pH(mV)$$

式中：E 为电池电动势变化（mV）；ΔpH 为溶液 pH 的变化；T 为溶液的温度（℃）；"$-$" 号为内参比电极的电势随溶液 pH 升高而下降，故取负值。

三、实验仪器与试剂

1. 实验仪器

pHS - 3C 型酸度计、烧杯（100 mL，3 只）、温度计（公用）、洗瓶、酸式滴定管（50 mL，2 支）、碱式滴定管（50 mL）、锥形瓶（50 mL，2 只）、铁架台、滴定管夹、玻璃棒。

2. 实验试剂

醋酸($0.1\,mol \cdot L^{-1}$)、标准氢氧化钠($0.1\,mol \cdot L^{-1}$，4 位有效数字)、标准缓冲溶液（pH＝4.00，pH＝6.86）、酚酞（1％）、去离子水、滤纸片。

四、实验步骤

1. 醋酸溶液浓度的标定

用移液管移取 2 份 25 mL $0.1\,mol \cdot L^{-1}$ HAc 溶液，分别移入 2 只锥形瓶中，各加 2 滴酚酞。分别用标准 NaOH 溶液滴定至溶液刚出现粉红色，轻轻摇荡后半分钟不褪色为止。记下消耗 NaOH 溶液的体积，算出醋酸溶液的精确浓度。

2. 配制不同浓度的醋酸溶液

将已标定的醋酸溶液装入酸式滴定管中（液面等于或稍低于零刻度），再装在铁架上备用。将去离子水装入另一酸式滴定管中，也装在铁架上备用。取 3 只干燥的 100 mL 烧杯，依次编号，从酸式滴定管中分别准确放入 12.00 mL，24.00 mL，48.00 mL 已准确标定过的 HAc 溶液。将滴定管中的去离子水，依次向上述烧杯中准确放入 36.00 mL，24.00 mL，0.00 mL 的蒸馏水，并用玻璃棒将杯中溶液搅混均匀（使各杯中的溶液体积均为48.00 mL），计算出各份醋酸溶液的精确浓度。

3. 溶液 pH 的测定

用 pH 计分别测定上述各种不同浓度的醋酸溶液（由稀到浓）的 pH，并记录每份溶液的 pH 及测定时的室温。计算各溶液中醋酸的解离度以及解离常数。

> ### 附注
>
> 1. 平行滴定时指示剂的用量要一致。
> 2. 滴定操作要规范，要控制好终点前的半滴操作。
> 3. 在用 pH 计测定醋酸溶液的 pH 之前，必须先按 pH 计的操作步骤接通电源，安装电极，校正和定位。测量 pH 之前，烧杯必须洗涤并干燥。
> 4. 复合电极要轻拿轻放，避免损坏。

五、实验数据记录与处理

1. 醋酸浓度的标定

$c(NaOH)＝$＿＿＿＿＿＿ $mol \cdot L^{-1}$　　　　　溶液温度 $T＝$＿＿＿＿＿＿℃

表 3－7　醋酸浓度的标定

编号	$V(HAc)$ (mL)	$V(NaOH，初)$ (mL)	$V(NaOH，终)$ (mL)	$V(NaOH，消耗)$ (mL)	$c(HAc)$ ($mol \cdot L^{-1}$)	$\bar{c}(HAc)$ ($mol \cdot L^{-1}$)
1	25.00					
2	25.00					

2. 醋酸溶液的 pH 及解离常数

表 3 - 8　pH 及解离常数计算

编　号	$V(HAc)$ (mL)	$V(H_2O)$ (mL)	$c(HAc)$ (mol·L^{-1})	pH	$c(H^+)$ (mol·L^{-1})	解离度 α	解离常数 $K_{HAc}=c\alpha^2$
1	12.00	36.00					
2	24.00	24.00					
3	48.00	0.00					

六、实验思考题

(1) 本实验中测定醋酸解离常数的原理如何？

(2) 若改变所测醋酸溶液的浓度或温度,其解离度和解离常数有无变化？

(3) 根据实验结果,计算相对误差,并分析误差的主要来源。

实验 5　电解质溶液

一、实验目的

（1）了解弱电解质的解离平衡及同离子效应。

（2）了解缓冲溶液的配制及其性质。

（3）了解盐类的水解反应及其水解平衡的移动原理。

（4）了解难溶电解质的多相离子平衡及溶度积规则。

（5）学习低速离心机等仪器的基本操作。

二、实验原理

1. 弱电解质在溶液中的解离平衡及同离子效应

若 AB 为弱酸或弱碱，则在水溶液中存在下列解离平衡：

$$AB \Longleftrightarrow A^+ + B^-$$

达到平衡时，未解离的电解质分子浓度与已解离的离子浓度的关系为：

$$K_i = \frac{c(A^+)c(B^-)}{c(AB)}$$

在此平衡体系中，若加入含有相同离子的强电解质，即增加 A^+ 或 B^- 浓度，则平衡向生成 AB 分子的方向移动，使弱电解质 AB 的解离度降低，这种效应称为同离子效应。

2. 缓冲溶液

弱酸及其盐（例如 HAc 和 NaAc）或弱碱及其盐（例如 $NH_3 \cdot H_2O$ 和 NH_4Cl）的混合溶液，能在一定程度上对外来的酸或碱起缓冲作用，即在其加入少量的酸或碱或者稀释时，溶液的 pH 变化不大。这种溶液称为缓冲溶液。

3. 盐类的水解反应

盐类的水解反应是由组成盐的离子和水解离出来的 H^+ 或 OH^- 作用，生成弱酸或弱碱的反应过程，水解后溶液的酸碱性取决于盐的类型，盐类水解反应是酸碱中和反应的逆反应，因此升高温度或在溶液中加入酸或碱，都会使水解平衡发生移动，改变盐类的水解度。

4. 难溶电解质的多相离子平衡和溶度积规则

在难溶电解质的饱和溶液中，未溶解的固体和溶解后形成的离子间存在多相离子平衡。例如，在含有 PbI_2 沉淀的饱和溶液中，存在下列平衡：

$$PbI_2(s) \Longleftrightarrow Pb^{2+}(aq) + 2I^-(aq)$$

$$K_{sp}(PbI_2) = c(Pb^{2+})c^2(I^-)$$

K_{SP} 表示在难溶电解质的饱和溶液中，难溶电解质离子浓度（以化学方程式中的化学计量数为指数）的乘积，叫做溶度积。

根据溶度积规则可判断沉淀的生成和溶解。例如，当将 $Pb(Ac)_2$ 和 KI 两种溶液混合时，如果溶液中：

（1）$c(Pb^{2+})c^2(I^-) > K_{sp}(PbI_2)$　　（有沉淀析出）

（2）$c(Pb^{2+})c^2(I^-) = K_{sp}(PbI_2)$　　（饱和溶液）

(3) $c(Pb^{2+})c^2(I^-) < K_{sp}(PbI_2)$ 　　　（不饱和溶液）

如果溶液中含有两种或两种以上的离子,且都能与加入的某种试剂(沉淀剂)反应生成难溶电解质,则沉淀的先后次序取决于所需沉淀剂离子浓度的大小,需要沉淀剂离子浓度小的先沉淀;反之,则后沉淀。这种先后沉淀的现象叫做分步沉淀。

如果设法降低含有难溶电解质沉淀的饱和溶液中某一种离子的浓度,使离子浓度的乘积小于其溶度积,则沉淀就溶解。

使一种难溶电解质转化为另一种难溶电解质,即把一种沉淀转化为另一种沉淀的过程,叫做沉淀的转化。对同类型的沉淀而言,溶度积较大的难溶电解质,容易转化为溶度积较小的难溶电解质。

三、实验仪器、材料与试剂

1. 实验仪器与材料

试管(12 支)、试管架、试管夹、离心试管(2 支)、玻璃棒、药匙、烧杯(100 mL)、量杯(10 mL)、酒精灯、洗瓶、离心机(公用)、广泛 pH 试纸。

2. 实验试剂

醋酸 HAc($0.1\,mol \cdot L^{-1}$,$1.0\,mol \cdot L^{-1}$)、盐酸 HCl($0.1\,mol \cdot L^{-1}$,$2.0\,mol \cdot L^{-1}$)、氨水 $NH_3 \cdot H_2O$($0.1\,mol \cdot L^{-1}$,$2.0\,mol \cdot L^{-1}$)、氢氧化钠 NaOH($0.1\,mol \cdot L^{-1}$)、硝酸银 $AgNO_3$($0.1\,mol \cdot L^{-1}$)、硝酸铁 $Fe(NO_3)_3$($0.05\,mol \cdot L^{-1}$)、醋酸铵 NH_4Ac(固)、氯化镁 $MgCl_2$($0.1\,mol \cdot L^{-1}$,$0.05\,mol \cdot L^{-1}$)、醋酸钠 NaAc($1.0\,mol \cdot L^{-1}$)、氯化铵 NH_4Cl(固)、铬酸钾 K_2CrO_4($0.1\,mol \cdot L^{-1}$)、氯化钠 NaCl($0.1\,mol \cdot L^{-1}$)、硫化钠 Na_2S($0.5\,mol \cdot L^{-1}$)、氯化铋 $BiCl_3$($0.1\,mol \cdot L^{-1}$)、甲基橙、酚酞。

四、实验步骤

1. 弱电解质中解离平衡及同离子效应

(1) 往试管中加入 2 mL $0.1\,mol \cdot L^{-1}$ HAc 溶液,再滴入甲基橙 1 滴,观察溶液显示什么颜色,然后将此溶液分盛于两支试管中,往一支试管中加入一小勺醋酸铵(NH_4Ac)固体,摇荡使之溶解,观察溶液的颜色,并与另一支试管中的溶液相比较,说明原因。

(2) 往试管中加入 2 mL $0.1\,mol \cdot L^{-1}$ $NH_3 \cdot H_2O$,再滴入酚酞 1 滴,观察溶液显示什么颜色?然后将此溶液分盛于两支试管中。向一支试管中加入一小勺醋酸铵固体,摇荡使之溶解,观察溶液的颜色,并与另一支试管中的溶液进行比较,并说明原因。

2. 缓冲溶液的配制和性质

(1) 往两支试管中各加入 3 mL 去离子水,用 pH 试纸测定其 pH,再往第一支试管中加入 5 滴 $0.1\,mol \cdot L^{-1}$ HCl 溶液,第二支试管中加入 5 滴 $0.1\,mol \cdot L^{-1}$ NaOH 溶液,用 pH 试纸分别测定其 pH。

(2) 往一只小烧杯中加入 $1.0\,mol \cdot L^{-1}$ HAc 和 $1.0\,mol \cdot L^{-1}$ NaAc 溶液各 5 mL(用量杯量取)混合摇匀,即成 HAc-NaAc 缓冲溶液,用 pH 试纸测定该缓冲溶液的 pH,并与计算值比较。

(3) 取三支试管,各加上述缓冲溶液 3 mL,再往第一支试管中加入 3 滴 $0.1\,mol \cdot L^{-1}$ HCl 溶液,第二支试管中加入 3 滴 $0.1\,mol \cdot L^{-1}$ NaOH 溶液,第三支试管中加入 3 滴去离子水,用 pH 试纸分别测定其 pH,并将其与未加酸、碱、水的缓冲溶液进行比较,看 pH 变化是否明显?

根据以上实验现象,总结出缓冲溶液的特性。

3. 盐类的水解和影响盐类水解的因素

(1) 温度对盐类水解的影响

往两支试管中分别加入 2 mL 1.0 mol·L^{-1} NaAc 溶液及 1 滴酚酞,将一支试管加热至沸腾。比较两支试管中的颜色,并解释之。

(2) 溶液酸度对水解平衡的影响

往试管中加入 2 滴 0.1 mol·L^{-1} BiCl$_3$ 溶液及 2 mL 水,观察沉淀的产生,然后一边振荡试管,一边滴加 2.0 mol·L^{-1} HCl 溶液至沉淀溶解,并解释之。

4. 沉淀的生成与溶解

(1) 沉淀的生成

根据实验条件计算,用溶度积规则判断下列溶液是否有沉淀,并用实验证明。

① 在两支试管中分别加入 1 mL 0.05 mol·L^{-1} Fe(NO$_3$)$_3$ 溶液和 1 mL 0.05 mol·L^{-1} MgCl$_2$ 溶液,然后向试管中逐滴加入 0.1 mol·L^{-1} NaOH 溶液并摇动试管,仔细观察至刚出现沉淀为止。然后用 pH 试纸检查溶液的 pH,记下开始沉淀时溶液的 pH,说明原因。

② 往两支试管中分别加入 10 滴 0.1 mol·L^{-1} AgNO$_3$ 溶液,再往其中一支试管中加入 10 滴 0.1 mol·L^{-1} K$_2$CrO$_4$ 溶液;另一支试管中加入 10 滴 0.1 mol·L^{-1} NaCl 溶液,观察沉淀的生成和颜色,并根据溶度积规则说明产生沉淀的原因。

(2) 沉淀的溶解

往试管中加入 2 mL 0.1 mol·L^{-1} MgCl$_2$ 溶液,并滴入数滴 2.0 mol·L^{-1} NH$_3$·H$_2$O 溶液,观察沉淀的生成,再向此溶液中加入少量的 NH$_4$Cl 固体,摇荡,观察原有沉淀是否溶解? 用离子平衡移动的观点解释上述现象。

5. 分步沉淀与沉淀的转化

(1) 分步沉淀

往一支试管中加入 10 滴 0.1 mol·L^{-1} NaCl 溶液和 10 滴 0.1 mol·L^{-1} K$_2$CrO$_4$ 溶液,稀释至约 2 mL,摇均匀后一边振荡试管,一边逐滴加入 0.1 mol·L^{-1} AgNO$_3$ 溶液,观察沉淀颜色的变化,并加以解释之。

根据以上两种沉淀的颜色及理论计算,最先沉淀的应是哪一种难溶物质?

(2) 沉淀的转化

往离心试管中加入 0.1 mol·L^{-1} AgNO$_3$ 溶液和 0.1 mol·L^{-1} NaCl 溶液各 10 滴,摇荡后观察沉淀的颜色。离心分离去除清液,再往沉淀中逐滴加入 0.5 mol·L^{-1} Na$_2$S 溶液(边加入边振荡),观察沉淀颜色是否变化,并解释观察到的现象,写出反应方程式。

五、实验数据记录与处理

1. 弱电解质中解离平衡及同离子效应

表 3-9　弱电解质

序号	实验内容	实验现象	现象解释及结论
(1)	HAc＋甲基橙		
	HAc＋甲基橙＋NH_4Ac 固体		
(2)	氨水＋酚酞		
	氨水＋酚酞＋NH_4Ac 固体		

2. 缓冲溶液的配制和性质

表 3-10　缓冲溶液

实验内容	pH	加酸、碱后的 pH			结论
		HCl	NaOH	H_2O	
H_2O					
HAc＋NaAc					

3. 盐类的水解和影响盐类水解的因素

表 3-11　盐类水解

序号	实验内容	现象	反应方程式及现象解释
(1)	$NaAc＋H_2O＋$酚酞		
	$NaAc＋H_2O＋$酚酞＋热		
(2)	$BiCl_3＋H_2O$		
	$BiCl_3＋H_2O＋HCl$		

4. 沉淀的生成与溶解

表 3-12　难溶电解质

序号	实验内容	现象	产生沉淀时的 pH	反应方程式及现象解释
(1)	$Fe(NO_3)_3＋NaOH$			
	$MgCl_2＋NaOH$			
	$AgNO_3＋NaCl$			
	$AgNO_3＋K_2CrO_4$			
(2)	$MgCl_2＋NH_3·H_2O$			
	$MgCl_2＋NH_3·H_2O＋NH_4Cl$ 固体			

5. 分步沉淀与沉淀的转化

表 3 - 13　分步沉淀与沉淀转化

序号	实验内容	现　象	反应方程式及现象解释
（1）	$NaCl + K_2CrO_4 + AgNO_3$		
（2）	$AgNO_3 + NaCl$		
	沉淀 $+ Na_2S$		

六、实验思考题

（1）同离子效应对弱电解质的解离度及难溶电解质的溶解度各有什么影响？

（2）什么叫缓冲溶液？缓冲溶液选择时应注意什么条件？其 pH 如何计算？

（3）盐类水解是怎样发生的？怎样使水解平衡移动？如何防止盐类的水解？

（4）什么叫做分步沉淀？能否直接用溶度积判断不同类型难溶电解质的沉淀次序？试根据溶度积规则，计算本实验步骤 5(1) 中沉淀的先后次序？

（5）如何进行沉淀和溶液的分离？在离心分离操作中有哪些注意之处？

实验 6 二氯化铅溶度积的测定

一、实验目的

(1) 了解离子交换法测定难溶电解质溶度积的原理和方法。

(2) 学习离子交换树脂的一般使用方法。

(3) 进一度学习酸碱滴定、过滤等基本操作。

二、实验原理

二氯化铅($PbCl_2$)系难溶电解质。在一定温度下,含有过量 $PbCl_2$ 的饱和溶液中存在下列平衡:

$$PbCl_2(s) \rightleftharpoons Pb^{2+}(aq) + 2Cl^-(aq) \qquad (3-3)$$

其溶度积为:

$$K_{sp} = \{c^{eq}(Pb^{2+})/c^{\ominus}\}\{c(Cl^-)/c^{\ominus}\}^2 \qquad (3-4)$$

本实验是利用离子交换树脂与饱和 $PbCl_2$ 溶液进行离子交换,来测定室温下 $PbCl_2$ 溶液中 Pb^{2+} 的浓度,从而确定其溶度积。

离子交换树脂是人工合成的颗粒状有机高分子聚合物,含有活性基团,能与周围溶液中的离子进行选择性的离子交换反应。含有酸性交换基团(如磺酸基—SO_3H、羧基—$COOH$)能与阳离子进行交换的树脂称为阳离子交换树脂;含有碱性基团(如氨基—NH_2、仲氨基—$NH(CH_3)$等)能与阴离子进行交换的树脂称为阴离子交换树脂。本实验采用的是强酸型阳离子交换树脂,这种树脂出厂时一般是钠型,可表示为 R—SO_3Na。使用时需用稀酸使钠型树脂转化为氢型树脂,即 R—SO_3H,这一过程称为转型。已被阳离子交换过的树脂也可以用稀酸处理,使树脂重新转化为氢型树脂,称之为再生。

强酸型阳离子交换树脂可与饱和 $PbCl_2$ 溶液中的 Pb^{2+} 进行离子交换,当溶液流经装有上述树脂的离子交换柱时,进行如下反应:

$$2R\text{—}SO_3H + PbCl_2 \rightleftharpoons (R\text{—}SO_3)_2Pb + 2HCl$$

可用已知浓度的 $NaOH$ 溶液滴定全部酸性流出液(应该为 HCl 溶液)至滴定终点。

$$H^+ + OH^- \rightleftharpoons H_2O$$

当离子交换足够完全时,可视为 $c(Pb^{2+}) = c^{eq}(Pb^{2+})$,$c(Cl^-) = 2c^{eq}(Pb^{2+}) = 2c(Pb^{2+})$,则:

$$K_{sp}(PbCl_2) = 4\{c^{eq}(Pb^{2+})/c^{\ominus}\}\{c^{eq}(Pb^{2+})/c^{\ominus}\}^2 = 4\{c(Pb^{2+})\}^3$$

三、实验仪器、材料与试剂

1. 实验仪器、材料

电子天平($0.01\,g$)、烧杯($50\,mL$,3 只)、锥形瓶、铁架、螺丝夹、移液管、洗耳球、碱式滴定管($25\,mL$,2 支)、滴定管夹、玻璃棒、漏斗、漏斗架、滤纸(中速)、脱脂棉、广泛 pH 试纸、强酸型阳离子交换树脂(如 732 阳离子交换树脂)。

2. 实验试剂

盐酸 $HCl(1\,mol\cdot L^{-1})$,硝酸 $HNO_3(0.1\,mol\cdot L^{-1})$,标准 $NaOH$ 溶液($0.0500\,mol\cdot L^{-1}$),

二氯化铅($PbCl_2$,分析纯),溴百里酚兰(0.1%)。

四、实验步骤

1. 饱和二氯化铅溶液的配制

称取过量的 $PbCl_2$ 固体,置于烧杯中,用已煮沸除去 CO_2 的去离子水溶解,加热使 $PbCl_2$ 充分溶解。放置使之冷却至室温,然后用滤纸进行过滤(所用漏斗、滤纸和承接烧杯均应干燥),滤液即为饱和 $PbCl_2$ 溶液。(由实验室准备人员配制。)

2. 离子交换树脂的转型

称取适量强酸型阳离子交换树脂(每次实验用量约为 15 g),用适量 1 mol·L^{-1} HCl 溶液(以溶液满过树脂为宜)浸泡一昼夜。(本操作可由实验室统一完成,若系实验室循环使用再生过的离子交换树脂,则本操作不必进行。)

3. 装柱

取出碱式滴定管的玻璃珠,换上螺丝夹,并在滴定管底部塞入少量脱脂棉,作为离子交换柱,固定在滴定管夹和铁架上。拧紧螺丝夹,往柱中加入去离子水约至 1/3 高度。

取已转型(或已再生)的离子交换树脂置于烧杯中,尽可能地倾出多余的酸液,加入去离子水,并将它逐量转移到柱内,使树脂层的高度约为 20 cm 即可。为使离子交换顺利进行,树脂层内不得出现气泡。为此在装柱时,应让树脂带水以缓流状沉入已装有去离子水的滴定管中,这样可以使树脂充填紧实。若水过满,可拧松螺丝夹,使水流出,但同时应注意,不要使水面低于树脂层,否则会出现气泡。若出现这种情况,应重新装柱。调节螺丝夹,使溶液逐滴流出,同时从滴定管上方不断加入去离子水洗涤离子交换树脂,直至流出液呈中性(用广泛 pH 试纸检验)。弃去全部流出液。在洗涤离子交换树脂的整个过程中,都应使之处于湿润状态,为此,在离子交换树脂上方应保持有足够的去离子水。

4. 交换和洗涤

用移液管吸取 25.00 mL 饱和 $PbCl_2$ 溶液于烧杯中,并逐量注入柱内(烧杯中的残留溶液应如何处置?),调节螺丝夹,使溶液以每分钟 20～25 滴的流速通过离子交换柱(流速不宜过快,否则将影响树脂的交换效果),用锥形瓶承接流出液。用去离子水分批洗涤离子交换树脂,直至流出液呈中性。在整个交换和洗涤操作过程中,同样不应让离子交换树脂层中出现气泡,即离子交换树脂上方始终应有足够的溶液或去离子水。同时这些流出液都应当用同一只锥形瓶承接,且不应使流出液有所损失。

5. 滴定

以溴百里酚兰作指示剂,用标准 0.050 0 mol·L^{-1} NaOH 溶液滴定锥形瓶中收集的流出液由黄色转为蓝色为终点。记下所用 NaOH 溶液的体积。在滴定过程中,若溶液出现浑浊,必须弃去溶液(必要时还应弃去已交换过的离子交换树脂),重做实验。

6. 离子交换树脂的再生

将交换柱中的离子交换树脂倒出,尽可能地倾去多余的去离子水,用 0.1 mol·L^{-1} HNO_3 溶液浸泡离子交换树脂一昼夜。(再生可由实验室统一处理。)

五、实验数据记录与处理

记录实验室室温,并根据所用的标准 NaOH 溶液的浓度和体积,计算该室温下 $PbCl_2$

的溶度积。

　　(1) 实验时室温 $T/℃$

　　(2) 饱和 $PbCl_2$ 溶液的体积 $V(Pb^{2+})/mL$

　　(3) 标准 $NaOH$ 溶液的浓度 $c(NaOH)/(mol·L^{-1})$

　　(4) 滴定后 $NaOH$ 液面的位置 $V_2(NaOH)/mL$

　　(5) 滴定前 $NaOH$ 液面的位置 $V_1(NaOH)/mL$

　　(6) 滴定中用去 $NaOH$ 溶液的体积 $V(NaOH)/mL$

　　(7) 饱和 $PbCl_2$ 溶液中 Pb^{2+} 的浓度 $c(Pb^{2+})(mol·L^{-1})$

　　(8) 实验温度下 $PbCl_2$ 的溶度积 $K_{sp}(PbCl_2)$

六、实验思考题

　　(1) 本实验中所用的玻璃仪器,哪些需要用干燥的,哪些不需要用干燥的? 为什么?

　　(2) 离子交换操作过程中,为什么要控制液体的流速不宜太快? 为什么要自始至终保持液面高于离子交换树脂层?

　　(3) 树脂转型时可用 HCl 溶液,而再生时为什么只能用 HNO_3,而不能用 HCl 或 H_2SO_4 溶液?

　　(4) 如果用 $NaOH$ 溶液滴定流出液时出现浑浊,这是正常现象吗? 为什么?

　　(5) 为什么交换前和交换、洗涤后的流出液需呈中性?

实验 7　电化学与金属腐蚀

一、实验目的

（1）了解原电池及电解池的装置。

（2）了解测定原电池电动势的原理和方法。

（3）认识浓度、介质的酸碱性等对电极电势及氧化还原反应的影响。

（4）了解电解原理及方法。

（5）观察金属腐蚀现象，并理解金属腐蚀的原理。

（6）了解防止金属腐蚀的方法。

二、实验原理

1．原电池及其电动势的测定

利用氧化还原反应产生电流的装置叫原电池。例如，将两个不同的金属各放在其盐溶液中作为电极，用导线及盐桥分别把两个电极和两种溶液连接起来，就组成一个简单的原电池。一般较活泼的金属为负极，放电时负极发生氧化反应，正极发生还原反应。

如 Cu－Zn 原电池：

负极：　　　　　　　　　　$Zn-2e \Longrightarrow Zn^{2+}$

正极：　　　　　　　　　　$Cu^{2+}+2e \Longrightarrow Cu$

正、负极间必须用盐桥连接。

原电池两极间电势之差称为原电池的电动势，电动势 E 应为：

$$E=\varphi_{正}-\varphi_{负}$$

原电池电动势的值不能直接用伏特计来测量，这是因为当伏特计与电池接通后，电池中就发生了氧化还原反应而产生电流，由于反应不断进行，电池中溶液浓度不断改变，电池的电动势将相应降低；另一方面，电池本身有内阻。用伏特计所测得的电压，只是电池电动势的一部分（即外路电压降）而不是该电池的电动势。

利用对消法（即补偿法）可使我们在电池无电流（或极小电流）通过时测出电压降，该电压降即为原电池的电动势。

本实验用 pHS－3C 型酸度计测定原电池电动势，该仪器输入阻抗大于 10^{12} 欧姆，可满足"对消法"的要求。

2．浓度、介质的酸碱性对电极电势和氧化还原反应的影响

（1）浓度对电极电势的影响

当电极中氧化态或还原态离子浓度不是 $1\ mol\cdot L^{-1}$ 时，该电极的电极电势与标准态下的电极电势的值相比，可能会有所变化，例如：$Zn-2e \Longrightarrow Zn^{2+}$。

$$\varphi(Zn^{2+}/Zn)=\varphi^{\ominus}(Zn^{2+}/Zn)+\frac{0.059\ 17}{2}\lg c(Zn^{2+})$$

（2）介质的酸碱性对电极电势的影响

当电极中有 H^+ 或 OH^- 参加电极反应时，在不同的 pH 条件下该电极的电极电势的值

将发生变化,其氧化还原能力也不同,例如:

① $MnO_4^- + 8H^+ + 5e \rightleftharpoons Mn^{2+} + 4H_2O$

$$\varphi(MnO_4^-/Mn^{2+}) = \varphi^\ominus(MnO_4^-/Mn^{2+}) + \frac{0.059\ 17}{5} lg \frac{c(MnO_4^-) \cdot \{c(H^+)\}^8}{c(Mn^{2+})}$$

② $MnO_4^- + 2H_2O + 3e \rightleftharpoons MnO_2(s) + 4OH^-$

$$\varphi(MnO_4^-/MnO_2) = \varphi^\ominus(MnO_4^-/MnO_2) + \frac{0.059\ 17}{3} lg \frac{c(MnO_4^-)}{\{c(OH^-)\}^4}$$

③ $MnO_4^- + e \xrightarrow{强碱介质} MnO_4^{2-}$

$$\varphi(MnO_4^-/MnO_4^{2-}) = \varphi^\ominus(MnO_4^-/MnO_4^{2-}) + 0.059\ 17 lg \frac{c(MnO_4^-)}{c(MnO_4^{2-})}$$

3. 电解

使电流流过电解质溶液(或熔融态物质)而引起氧化还原反应的过程叫做电解。电解池的阳极与电源的正极相连,阴极与电源的负极相连。在电解过程中,电解池的阴极发生还原反应,阳极发生氧化反应。

4. 金属的腐蚀与防止

电化学腐蚀是由于金属在电解质溶液中发生与原电池相似的电化学过程而引起的一种腐蚀,腐蚀电池中较活泼的金属作为阳极(即负极)而被氧化;较不活泼的金属作为阴极(即正极),阴极仅起传递电子的作用,本身不被腐蚀。

在腐蚀介质中,加入少量能防止或延缓腐蚀过程的物质叫做缓蚀剂。例如,乌洛托品(六次甲基四胺)可作为钢铁在酸性介质中的缓蚀剂。

三、实验仪器、材料与试剂

1. 实验仪器、材料

pHS - 3C 型酸度计、烧杯(100 mL,3 只)、盐桥、连有铜丝的导线、瓷蒸发皿、表面皿、滤纸碎片,铜片和锌片、铁钉、锌条、铜丝、砂纸。

pHS - 3C 型酸度计工作原理见第二章§2.8,该仪器除用于测量 pH 外,也可以测量电极电势。

2. 实验试剂

MnO_2 固体、硫酸铜 $CuSO_4$($0.1\ mol \cdot L^{-1}$)、硫酸锌 $ZnSO_4$($0.1\ mol \cdot L^{-1}$)、硫酸钠 Na_2SO_4($0.1\ mol \cdot L^{-1}$)、盐酸 HCl($2\ mol \cdot L^{-1}$)、浓盐酸 HCl、高锰酸钾 $KMnO_4$($0.01\ mol \cdot L^{-1}$)、硫酸 H_2SO_4($3\ mol \cdot L^{-1}$)、氢氧化钠 NaOH($3\ mol \cdot L^{-1}$)、亚硫酸钠 Na_2SO_3($0.1\ mol \cdot L^{-1}$)、铁氰化钾 $K_3Fe(CN)_6$($0.1\ mol \cdot L^{-1}$)、乌洛托品(20%)、淀粉 KI 试纸、洋菜冻胶(其中含铁氰化钾及酚酞)、酚酞。

四、实验步骤

1. 铜锌原电池的安装及电池电动势的测定

(1) 铜锌原电池的安装

取两只烧杯,往一只中加入约 70 mL $0.1\ mol \cdot L^{-1}$ $ZnSO_4$ 溶液。另一只加入约 70 mL $0.1\ mol \cdot L^{-1}$ $CuSO_4$ 溶液。用砂纸打光铜片及锌片,再用自来水或去离子水冲洗干净,用滤纸吸干水后,分别插入 $CuSO_4$、$ZnSO_4$ 溶液中,用盐桥把两种溶液连接起来即组成原电池,如图 3-3 所示。

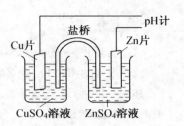

图 3-3　Cu-Zn 原电池

（2）原电池电动势的测定

用 pHS-3C 型酸度计测定：

① 原电池正极和负极接上；

② 用蒸馏水清洗电极,用滤纸吸干；

③ 把电极插在被测溶液内,将溶液搅拌均匀后,即可读出原电池的电动势并自动显示正、负极性。

2. 浓度、介质酸碱性对电极电势和氧化还原反应的影响

（1）在两支试管中各加入一小勺 MnO_2 固体,然后在一支试管中加入 1 mL 浓 HCl 溶液,而另一支试管中加入 1 mL 2 mol·L^{-1} HCl 溶液（必要时用水浴加热）,观察现象。在发生变化的试管中用淀粉 KI 试纸检验氯气的发生,写出反应方程式,并从浓度对电极电势的影响解释实验现象。

（2）往三支试管中分别加入 2～5 滴 0.01 mol·L^{-1} $KMnO_4$ 溶液,然后往第一支试管中加入 2～3 滴 3 mol·L^{-1} H_2SO_4 溶液使溶液酸化；往第二支试管中加入 2～3 滴去离子水；第三支试管中加入 2～3 滴 3 mol·L^{-1} NaOH 溶液使溶液碱化。然后逐滴加入 0.1 mol·L^{-1} Na_2SO_3 溶液,并观察各试管中的现象。写出有关反应方程式。（注意：在碱性条件下,$KMnO_4$ 溶液用量要尽量少,同时碱溶液用量不宜过少,为什么?）

3. 电解

利用原电池产生的电流,电解硫酸钠溶液。

在一瓷蒸发皿中加入 20 mL 0.1 mol·L^{-1} Na_2SO_4 溶液及 4～5 滴酚酞。如图 3-4 所示,将连接原电池铜电极与锌电极的导线（焊有铜线）的一端插入蒸发皿内硫酸钠溶液中作电解电极（注意：两根铜线不能相碰）。数分钟后,观察连接锌电极的铜线周围的硫酸钠溶液有何变化? 指出电解池的阴、阳极,并写出两极的反应式。

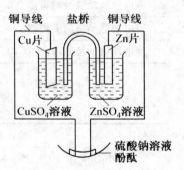

图 3-4　电解装置图

4. 金属的腐蚀和防止

（1）金属的腐蚀

构成宏观原电池的腐蚀,取两枚小铁钉用砂纸将表面打光（若锈太多,将其浸入 1∶1 的 HCl 溶液中除去表面铁锈）。用自来水冲洗后用滤纸吸干水分。在一枚铁钉中部缠一小段铜丝,在另一枚铁钉中部,缠一小段锌条（铜丝及锌条需缠紧,保证接触良好）,准备好后,放在干净的表面皿中备用。

用滴管取一些已加热溶化的冻胶滴入放有铁钉的表面皿中（注意：两个铁钉不能相碰,且冻胶需将铁钉盖住,为什么?）。约 15～20 min 后,观察铁钉上发生的变化并解释之。

（2）腐蚀的防止

在两支试管中各加入 2 mL 0.1 mol·L^{-1} HCl 溶液,并各滴入 1～2 滴 0.1 mol·L^{-1} $K_3Fe(CN)_6$ 溶液,在一支试管中加入 5 滴 20% 乌洛托品溶液,振荡试管使溶液混合均匀,在另一支试管中加入 5 滴水（使两管 HCl 溶液浓度相同）,再各加入 1 枚清洁的铁钉,比较两管颜色变化的快慢和深浅,解释缓蚀机理。

附注

1. 盐桥中应无气泡,用完后用蒸馏水冲洗并将其放入与盐桥相应的盐溶液中。
2. 用后的 $CuSO_4$ 及 $ZnSO_4$ 溶液可倒回原瓶,切勿倒错。
3. 电极用后,请用蒸馏水冲洗收好。
4. 反应方程式:

$$3Fe^{2+} + 2[Fe(CN)_6]^{3-} \longrightarrow Fe_3[Fe(CN)_6]_2 \downarrow (蓝色)$$

$$3Zn^{2+} + 2[Fe(CN)_6]^{3-} \longrightarrow Zn_3[Fe(CN)_6]_2 \downarrow (淡黄色)$$

五、实验数据记录与处理

1. 铜锌原电池的安装及电池电动势的测定

(1)画出铜锌原电池的装置图,并指出正极、负极,写出该原电池反应的图式,电极反应式和电池反应式。

(2)原电池电动势的测定结果记录,计算测量值与理论值的相对误差,并分析误差产生的原因。

表 3-14 原电池电动势的测定

测定次数	一	二	三
原电池电动势的测量值(V)			
原电池电动势的平均值(V)			
原电池电动势的理论值(V)			

2. 浓度、介质酸碱性对电极电势和氧化还原反应的影响

表 3-15 电极电势的影响因素

序号	实验内容	现象	现象解释及反应方程式
(1)	$MnO_2 + 浓\ HCl$(淀粉 KI 试纸检验氯气)		
	$MnO_2 + HCl$(淀粉 KI 试纸检验氯气)		
(2)	$KMnO_4 + H_2SO_4 + Na_2SO_3$		
	$KMnO_4 + H_2O + Na_2SO_3$		
	$KMnO_4 + NaOH + Na_2SO_3$		

3. 电解

表 3-16 电解现象

实验内容	电极	现象	电极反应式	现象解释
Na_2SO_4 溶液的电解	阳极			
	阴极			

4. 金属的腐蚀和防止

表 3 - 17 金属腐蚀和防止的现象及解释

序号	实验内容	现 象		化学反应方程式	解 释
(1)	铁钉＋锌条＋酚酞＋$K_3Fe(CN)_6$＋冻胶	铁钉表面			
		锌条表面			
	铁钉＋铜丝＋酚酞＋$K_3Fe(CN)_6$＋冻胶	铁钉表面			
		铜丝表面			
(2)	$HCl＋K_3Fe(CN)_6＋H_2O＋$铁钉				
	$HCl＋K_3Fe(CN)_6＋$乌洛托品＋铁钉				

六、实验思考题

(1) 原电池是根据什么原理构成的？原电池电动势的测定为什么要作对消法？

(2) 介质不同时 $KMnO_4$ 与 Na_2SO_3 进行的反应，产物为何不同？

(3) 根据电解理论，怎样预测两极产物？试以本实验为例，简单说明之。

(4) 为什么不纯的金属比较纯的金属易腐蚀？

(5) 防止腐蚀的方法主要有哪些？其原理是什么？

(6) 什么叫做缓蚀剂？其作用原理如何？

实验 8 常见金属离子的性质

一、实验目的

(1) 掌握铁、镍、钛、锌、铜金属的性质。

(2) 掌握铁、镍、钛、锌、铜金属化合物的生成和性质。

(3) 学会 Fe^{3+}、Ni^{2+}、TiO^{2+}、Cu^{2+}、Zn^{2+} 的鉴定方法。

二、实验原理

铁、镍是周期表第Ⅷ族元素,其原子结构为 $3d^{6\sim8}4s^2$,因其外层电子尚未充满,能显示可变价态,从铁、镍的标准电极电势可知,Fe^{2+} 盐具有还原性,而 Ni^{2+} 具有强氧化性;铁、镍是很好的配位化合物形成体,能形成多种化合物。在 Fe^{2+} 和 Fe^{3+} 与氨水反应只生成 $Fe(OH)_2$ 和 $Fe(OH)_3$,而不生成氨合物。Ni^{2+} 与氨水反应则先生成碱式盐沉淀,而后溶于过量氨水,形成氨合物;铁、镍都能生成不溶于水而易溶于稀酸的硫化物,但硫化镍一旦自溶液中析出,由于结构改变,成为难溶物质,不再溶于稀酸。常用 Fe^{3+} 与 NCS^- 形成血红色的配合物来检验 Fe^{3+} 的存在(该反应必须在酸性溶液中进行,否则会因为 Fe^{3+} 的水解而得不到血红色),常用 Ni^{2+} 与丁二酮肟反应得到玫瑰红色的内配盐(需在弱碱条件下进行)来检验 Ni^{2+} 的存在。

钛是ⅥB族元素,具有多种氧化数,有+2、+3、+4。TiO_2 不溶于稀酸和稀碱溶液,但在热的浓硫酸中能够缓慢的溶解,生成硫酸钛或硫酸氧钛;$TiCl_4$ 是共价占优势的化合物,常温下是无色液体,具有刺激性的嗅味,它极易水解,暴露在空气中会冒烟;Ti^{4+} 能与 H_2O_2 作用生成橙红色的配位化合物,利用这个反应可鉴定该离子。

铜是ⅠB族元素,锌是ⅡB族元素,铜的氧化数为+1和+2,而锌的氧化数通常为+2;蓝色的 $Cu(OH)_2$ 和 $Zn(OH)_2$ 均有两性,且 Cu^{2+}、Zn^{2+} 与过量的氨水反应均能生成氨的配合物;Cu^+ 在水溶液中不能以自由离子形式存在,因此 Cu^{2+} 难以被还原为 Cu^+,但可被还原为 Cu^+ 的难溶物或配合物;Cu^{2+} 能与 $K_4[Fe(CN)_6]$ 反应生成棕红色 $Cu_2[Fe(CN)_6]$ 沉淀,利用这个反应可鉴定 Cu^{2+};Zn^{2+} 可由它与二苯硫腙反应而生成粉红色螯合物来鉴定。

三、实验仪器、材料与试剂

1. 实验仪器、材料

电炉、离心机、恒温水浴、烧杯、铜屑、离心试管、试管若干。

2. 实验试剂

$FeSO_4 \cdot 7H_2O$(固)、H_2SO_4(2.0 mol·L^{-1})、H_2SO_4(浓)、NaOH(2.0 mol·L^{-1}、6.0 mol·L^{-1})、NaOH(40%)、HCl 溶液(2.0 mol·L^{-1})、HCl(浓)、$NiSO_4$(0.1 mol·L^{-1})、$FeCl_3$(0.1 mol·L^{-1})、$K_4[Fe(CN)_6]$(0.1 mol·L^{-1})、$K_3[Fe(CN)_6]$(0.1 mol·L^{-1})、$NH_3 \cdot H_2O$(2.0 mol·L^{-1}、6.0 mol·L^{-1})、浓氨水、丁二酮肟试剂、TiO_2(固体)、$TiOSO_4$(0.1 mol·L^{-1})、$CuCl_2$(0.1 mol·L^{-1})、锌粉、H_2O_2(3%)、$CuSO_4$(0.1 mol·L^{-1})、$Zn(NO_3)_2$(0.1 mol·L^{-1})、KI(0.1 mol·L^{-1},饱和)、二苯硫腙的 CCl_4 溶液。

四、实验步骤

1. +2 价铁、镍氢氧化物的制备和性质

(1) $Fe(OH)_2$ 的制备和性质

取 A、B 两支试管，A 管中加入 3 mL 蒸馏水，加 3 滴 2.0 mol·L^{-1} H_2SO_4 酸化，煮沸片刻以驱除溶解的氧，然后加少量 $FeSO_4·7H_2O$ 使之溶解；在 B 管中加入 1 mL 2.0 mol·L^{-1} NaOH 溶液，煮沸驱氧，冷却后用一长滴管吸取该溶液，迅速将滴管插入 A 管溶液底部，挤出 NaOH 溶液，观察产物的颜色和状态。摇荡后分装于三支试管中，其一放在空气中静置，另两个试管分别滴加 2.0 mol·L^{-1} HCl 溶液和 2.0 mol·L^{-1} NaOH 溶液，观察现象，写出有关反应方程式。

(2) $Ni(OH)_2$ 的制备和性质

取三只试管分别加入 0.1 mol·L^{-1} $NiSO_4$ 溶液和数滴 NaOH 溶液，观察现象。其一放在空气中静置，另两个试管分别滴加 2.0 mol·L^{-1} HCl 溶液和 2.0 mol·L^{-1} NaOH 溶液，观察现象，写出有关反应方程式，并注意 $Ni(OH)_2$ 在空气中放置时颜色是否发生变化。

2. 铁、镍的配合物

(1) 分别在 $K_4[Fe(CN)_6]$ 和 $K_3[Fe(CN)_6]$ 溶液中滴加 2.0 mol·L^{-1} NaOH 溶液，是否有沉淀生成？解释现象。

(2) 在试管中加入 1 mL 0.1 mol·L^{-1} $FeCl_3$ 溶液，再滴入浓氨水直至过量，观察沉淀是否溶解。

(3) 在试管中加入 0.1 mol·L^{-1} $NiSO_4$ 溶液 0.5 mL，逐滴加入 6.0 mol·L^{-1} $NH_3·H_2O$ 并过量，观察现象，放置片刻，再观察现象。写出离子反应方程式。

3. 铁、镍离子的鉴定

(1) 取 0.1 mol·L^{-1} $FeCl_3$ 溶液 10 滴，加入 2 滴 0.1 mol·L^{-1} $K_4[Fe(CN)_6]$ 溶液，观察深蓝色沉淀生成。

(2) 在盛有 1 mL 0.1 mol·L^{-1} $NiSO_4$ 溶液的试管中滴入浓氨水直至沉淀刚好溶解，然后滴入丁二酮肟试剂，观察玫瑰红色生成。

4. 钛化合物的性质

(1) TiO_2 的性质

在五支试管中分别加入少量 TiO_2 固体，再分别加入 2 mL 去离子水和下列溶液：2.0 mol·L^{-1} H_2SO_4、2.0 mol·L^{-1} NaOH、浓 H_2SO_4、40% NaOH。摇荡试管，TiO_2 是否溶解？然后再逐个加热，此时 TiO_2 是否溶解？若能溶解，写出反应方程式。

(2) Ti^{3+} 的性质

在试管中加入 2 mL 0.1 mol·L^{-1} $TiOSO_4$ 溶液，并加入少量锌粉，观察溶液颜色变化，写出反应方程式。待反应进行 2 min 后，吸取上层清液 1 mL 加入另一支试管，再加入 10 滴 0.1 mol·L^{-1} $CuCl_2$ 溶液，观察现象，写出反应方程式。

(3) TiO^{2+} 的水解

在试管中加入 2 mL 蒸馏水，并加入 2 滴 0.1 mol·L^{-1} $TiOSO_4$ 溶液，加热至沸，观察现象，写出反应方程式。

(4) TiO^{2+} 的鉴定

在试管中加入 0.5 mL 0.1 mol·L^{-1} $TiOSO_4$ 溶液,并加入 2 滴 3％ H_2O_2,观察溶液的颜色,写出反应方程式。

5. 铜、锌的氢氧化物的性质

(1) 在三支试管中各加入 10 滴 0.1 mol·L^{-1} $CuSO_4$ 溶液,再各滴加 10 滴 2.0 mol·L^{-1} NaOH 溶液,观察沉淀的生成;然后在第一支试管中加入适量 2.0 mol·L^{-1} HCl 溶液,在第二支试管中加入适量的 6.0 mol·L^{-1} NaOH 溶液,观察沉淀是否消失,从而判断 $Cu(OH)_2$ 的酸碱性;再将第三支试管放在酒精灯上加热,观察现象,写出反应方程式。

(2) 在两支试管中各加入 5 滴 0.1 mol·L^{-1} $Zn(NO_3)_2$ 溶液,并各滴加 2.0 mol·L^{-1} NaOH 溶液,直至生成大量沉淀为止。在第一支试管中加入 2 滴 2.0 mol·L^{-1} H_2SO_4 溶液,在第二支试管中继续加入过量的 2.0 mol·L^{-1} NaOH 溶液,观察现象,写出反应方程式。

6. 铜、锌配合物的性质

(1) 在试管中加入 5 滴 0.1 mol·L^{-1} $CuSO_4$ 溶液,逐滴加入 2.0 mol·L^{-1} NaOH 溶液来制备 $Cu(OH)_2$ 沉淀,离心分离后,试验该沉淀是否溶解于 2.0 mol·L^{-1} NH_3·H_2O?写出反应方程式。

(2) 在试管中加入 5 滴 0.1 mol·L^{-1} $Zn(NO_3)_2$ 溶液,并滴加 2 mol·L^{-1} NH_3·H_2O,观察沉淀生成,继续滴加 2 mol·L^{-1} NH_3·H_2O,观察沉淀的溶解。

(3) 在离心试管中加入 5 滴 0.1 mol·L^{-1} $CuSO_4$ 溶液,并加入 1 mL 0.1 mol·L^{-1} KI 溶液,观察有何变化? 离心分离、弃去液体并洗涤沉淀后,再在试管中加入饱和 KI 溶液至沉淀刚好溶解,并将溶液逐滴倒入盛有自来水的烧杯中,观察现象,写出反应方程式。

在试管中加入 10 滴 0.1 mol·L^{-1} $CuCl_2$ 溶液,并加 10 滴浓 HCl 和少量铜屑,加热至沸,待溶液成泥黄色时停止加热,并用滴管吸出少量溶液加入盛有自来水的烧杯中,观察现象,写出反应方程式。

7. 铜、锌离子的鉴定

(1) 在试管中加入 2 滴 0.1 mol·L^{-1} $Cu(NO_3)_2$ 溶液,再加入 2 滴 0.1 mol·L^{-1} $K_4[Fe(CN)_6]$ 溶液。如有棕红色沉淀,则表示有 Cu^{2+} 存在。

(2) 在试管中加入 2 滴 0.1 mol·L^{-1} $Zn(NO_3)_2$ 溶液,再加入 5 滴 6.0 mol·L^{-1} NaOH 溶液和 10 滴含二苯硫腙的 CCl_4 溶液,搅动并在水浴上加热。水溶液中呈粉红色的 CCl_4 层由绿色变为棕色的,则表示有 Zn^{2+} 存在。

五、实验思考题

(1) 为什么 $Fe(OH)_2$ 的制备和性质实验中用的蒸馏水一定要煮沸?

(2) 怎样鉴定 TiO^{2+}?

(3) 如何鉴定镍、铁混合液中的镍离子?

第四章　综合实验

实验 9　硫酸亚铁铵的制备

一、实验目的

(1) 了解复盐硫酸亚铁铵的制备原理。
(2) 练习水浴加热、过滤(常压、减压)、蒸发、浓缩、结晶和干燥等技术。
(3) 学习用目测比色检验产品质量的技术。
(4) 学习电热恒温水浴锅的使用技术。

二、实验原理

硫酸亚铁铵($(NH_4)_2SO_4 \cdot FeSO_4 \cdot 6H_2O$)，又称莫尔盐，它是透明、浅蓝绿色单斜晶体，易溶于水而不溶于酒精等有机溶剂。一般的亚铁盐在空气中易被氧化而变质，而形成复盐后则稳定得多，在空气中不易被氧化。在定量分析中常用莫尔盐来配制亚铁离子的标准溶液。它在制药、电镀、印刷等工业方面得到广泛应用。

实验中常采用过量的铁屑与稀 H_2SO_4 反应生成 $FeSO_4$：

$$Fe + H_2SO_4 = FeSO_4 + H_2 \uparrow$$

再将等物质的量的 $FeSO_4$ 与饱和的 $(NH_4)_2SO_4$ 反应，生成复盐硫酸亚铁铵，其反应如下：

$$FeSO_4 + (NH_4)_2SO_4 + 6H_2O = (NH_4)_2SO_4 \cdot FeSO_4 \cdot 6H_2O$$

由于复盐在水中的溶解度比组成它的组分的溶解度都要小，因此，只需要将 $FeSO_4$ 与 $(NH_4)_2SO_4$ 的浓溶液混合后，即得到硫酸亚铁铵晶体。

本实验利用铁屑溶于稀 H_2SO_4，先制得 $FeSO_4$ 溶液。然后再在 $FeSO_4$ 溶液中加入 $(NH_4)_2SO_4$，使其全部溶解后，经浓缩、冷却，即得溶解度较小的硫酸亚铁铵晶体。

由于硫酸亚铁在中性溶液中能被溶于水中的少量氧气所氧化并进一步发生水解，甚至析出棕黄色的碱式硫酸铁(或氢氧化铁)沉淀，所以制备过程中溶液应保持足够的酸度。

$$4FeSO_4 + O_2 + 6H_2O = 2[Fe(OH)_2]_2SO_4 + 2H_2SO_4$$

产品中 Fe^{3+} 的含量可用比色法来测定。Fe^{3+} 能与 SCN^- 生成血红色的 $[Fe(SCN)]^{2+}$ 等。产品溶液加入 SCN^- 后显较深的红色，则表明产品中含 Fe^{3+} 较多；反之，则表明产品中含 Fe^{3+} 较少。因而可将所制备的硫酸亚铁铵与 KSCN 在比色管中配成待测溶液，将它所呈现的红色与 $[Fe(SCN)]^{2+}$ 标准溶液色阶进行比较，找出与之红色深浅程度一致的那支标准溶液，则该支标准溶液所示 Fe^{3+} 含量即为产品的杂质 Fe^{3+} 含量。依此可确定出产品的等级。

1 g 产品中,标准为:

① Ⅰ级试剂:硫酸亚铁铵的含 Fe^{3+} 限量为 0.05 mg;

② Ⅱ级试剂:硫酸亚铁铵的含 Fe^{3+} 限量为 0.10 mg;

③ Ⅲ级试剂:硫酸亚铁铵的含 Fe^{3+} 限量为 0.20 mg。

有关过滤(常压、减压)、蒸发、浓缩、结晶和干燥等技术,请见第二章 §2.4。

三、实验仪器、材料与试剂

1. 实验仪器、材料与试剂

电子天平(精度为 0.01 g)、锥形瓶、玻璃棒、量筒、减压抽滤装置一套、电热恒温水浴锅、目视比色管(25 mL、4 个)、移液管、蒸发皿、滤纸。

2. 实验试剂

铁屑、$(NH_4)_2SO_4$(固体)、H_2SO_4 溶液(3.0 mol·L^{-1})、盐酸溶液(2.0 mol·L^{-1})、Na_2CO_3 溶液(10%)、酒精溶液(95%)、KSCN 溶液(25%)、Fe^{3+} 标准溶液(0.01 mg·mL^{-1})。

四、实验步骤

1. 铁屑去油污

称取 4 g 铁屑,放在锥形瓶中,加 20 mL 10% Na_2CO_3,小火加热约 10 min,以除去铁屑表面的油污。用倾析法倒掉碱液,并用蒸馏水将铁屑冲洗干净(如何检查?)。

2. 硫酸亚铁的制备

往盛铁屑的锥形瓶中加入 25 mL 3.0 mol·L^{-1} H_2SO_4,在水浴中加热约 30 min,使铁屑与 H_2SO_4 充分反应至基本上不再有气泡冒出为止,此反应过程应在通风橱或通风处进行(为什么?)。在加热过程中,应适当添加少量水,以补充失水;同时要控制溶液的 pH 不大于 1。趁热用普通漏斗过滤,滤液承接于洁净的蒸发皿中,用少量热水洗涤锥形瓶及漏斗上的残渣。将残渣取出,并收集在一起,用滤纸碎片吸干后称量,从而算出已反应的铁屑的质量和溶液中 $FeSO_4$ 的理论含量。

3. 硫酸亚铁铵的制备

根据溶液中 $FeSO_4$ 的含量,按 $FeSO_4$：$(NH_4)_2SO_4 = 1:1$(以 mol 计),称取固体 $(NH_4)_2SO_4$(化学纯)加到 $FeSO_4$ 溶液中,然后在水浴上加热搅拌,使 $(NH_4)_2SO_4$ 全部溶解。继续加热蒸发,浓缩直至溶液表面刚出现晶膜为止。静置,让溶液自然冷却至室温,即有硫酸亚铁铵晶体析出。减压过滤,用少量 95% 酒精洗涤晶体 2 次,以除去晶体表面附着的水分。将晶体取出,倒在一张干净的滤纸上,并用另一张滤纸轻压,以吸干母液,至晶体不再粘附玻璃棒时为止。称量,计算理论产量与产率。

4. 产品检验

Fe^{3+} 的限量分析:称取 1 g 样品置于 25 mL 比色管中,用 15 mL 不含氧蒸馏水(如何制取?为何要用它?)溶解,再加 2 mL HCl 溶液和 1 mL KSCN 溶液,继续加入蒸馏水稀释至 25 mL 刻度,摇匀。与标准溶液进行目视比色,确定产品的等级。

> **附注**

Fe^{3+} 标准溶液配制(由实验室制备):

先配制浓度为 $0.01\ \text{mg}\cdot\text{mL}^{-1}$ 的 Fe^{3+} 标准溶液,然后用移液管取 $5\ \text{mL}$ Fe^{3+} 标准溶液于比色管中,加 $2\ \text{mL}$ HCl 溶液和 $1\ \text{mL}$ KSCN 溶液,再加入蒸馏水将溶液稀释到 $25\ \text{mL}$,摇匀。这是一级标准液(其中含 Fe^{3+} $0.05\ \text{mg}$)。再分别取 $10\ \text{mL}$ 和 $20\ \text{mL}$ Fe^{3+} 标准溶液于比色管中,用同样的方法可配得二级和三级试剂的标准液,其中含 Fe^{3+} 分别为 $0.10\ \text{mg}$ 和 $0.20\ \text{mg}$。

五、实验思考题

(1) 什么叫做复盐?复盐与形成它的简单盐相比,有什么特点?

(2) 硫酸亚铁铵的制备原理是什么?如何提高其产率与质量?

(3) 在蒸发、浓缩过程中,若发现溶液变为黄色,是什么原因?应如何处理?

(4) 硫酸亚铁铵的产率如何计算?计算时是以硫酸亚铁的量为准,还是以硫酸铵的量为准?为什么?

(5) 实验时的产量会超过理论产量吗?若会,请分析原因。

实验 10　铁的吸氧腐蚀

一、实验目的

（1）了解金属电化学腐蚀的基本原理及其影响因素。

（2）掌握防止金属腐蚀的原理及方法。

二、实验原理

金属在与周围介质作用下，因发生化学反应或电化学反应而引起的破坏称为金属腐蚀。单纯因发生化学反应而引起的腐蚀称为化学腐蚀；当金属和电解质溶液接触时，因发生与原电池相似的电化学作用而引起的腐蚀称为电化学腐蚀。电化学腐蚀可以以宏电池形式发生，即整块金属构成腐蚀电池的阳极，与其相联系的另一种材料（金属或碳等）构成阴极；而电化学腐蚀更普遍的形式是形成微电池，即金属材料的某一局部的主体金属构成阳极，其周围存在的杂质（另一种金属、碳或金属碳化物等）构成阴极。总之，在腐蚀电池中，总是较活泼的金属充当阳极发生氧化反应而被腐蚀；活泼性较差的金属或其他杂质充当阴极，电解质中的氧化性物质（离子或分子）在其表面获得电子发生还原反应。

对一定金属而言，影响其电化学腐蚀速度的主要因素是介质的温度和化学组成（成分、浓度）。一般来说，电解质的温度升高，有利于离子或分子在其中的迁移，从而加快电极反应速度，即加速金属的电化学腐蚀速度。

金属在酸性介质中通常发生析氢腐蚀，且酸性越强腐蚀速度越快，H^+ 在阴极还原为 H_2 析出，反应为：

$$阳极（Fe）：\qquad Fe-2e^- \longrightarrow Fe^{2+}$$

$$阴极（杂质）：\qquad 2H^+ + 2e^- \longrightarrow H_2 \uparrow$$

$$总反应：\qquad Fe + 2H^+ \longrightarrow Fe^{2+} + H_2 \uparrow$$

金属在弱酸性（pH≥4）及中性介质中，主要发生的是吸氧腐蚀，反应为：

$$阳极（Fe）：\qquad 2Fe - 4e^- \longrightarrow 2Fe^{2+}$$

$$阴极（杂质）：\qquad O_2 + 2H_2O + 4e^- \longrightarrow 4OH^-$$

$$总反应：\qquad 2Fe + O_2 + 2H_2O \longrightarrow 2Fe(OH)_2$$

产物 $Fe(OH)_2$ 可进一步被 O_2 氧化，即

$$4Fe(OH)_2 + O_2 + 2H_2O \longrightarrow 4Fe(OH)_3$$

$$4Fe(OH)_3 \longrightarrow 2Fe_2O_3 \cdot xH_2O$$

以上反应同时伴随热量的产生。

差异充气腐蚀是吸氧腐蚀的一种形式，它是因金属表面电解质中氧气的浓度（分压）分布不均匀引起的。由电极反应式：

$$O_2 + 2H_2O + 4e^- \longrightarrow 4OH^-$$

可得：

$$\varphi(O_2/OH^-) = \varphi^{\ominus}(O_2/OH^-) + \frac{0.059}{4} \lg \frac{p(O_2)}{c^{\ominus}(OH^-)}$$

$p(O_2)$大的部位$\varphi(O_2/OH^-)$也大，$p(O_2)$小的部位$\varphi(O_2/OH^-)$亦小，于是就组成了一个氧的浓差电池：$p(O_2)$小处的金属成为阳极，发生氧化反应，被腐蚀；$p(O_2)$大处为阴极，O_2（加水）还原为OH^-。

桥梁断裂，地桩损坏，锅炉爆炸，仪表失灵等危及人们生命和财产安全的事故，往往是由于金属的吸氧腐蚀引起的。

三、实验仪器、材料与试剂

1. 实验仪器、材料

电子天平（0.01 g）、毫伏表、温度计（0～100℃）、抽滤瓶（125 mL）、烧杯（100 mL、50 mL各2只）、量筒（50 mL，10 mL）、碱式滴定管（50 mL，2支）、滴定管夹、铁架台、铁三角架、石棉网、酒精灯、试管（5支）、试管架、盐桥、研钵、橡胶塞、橡胶管、U型玻璃管、镊子、铁电极（2个）、锌片、小铁钉、砂纸、白细布（10 cm×10 cm）、导线、去污粉、滤纸、称量纸。

2. 实验试剂

硫酸（0.1 mol·L^{-1}）、盐酸（0.1 mol·L^{-1}）、乌洛托品（20%）、氯化钠（5%）、K$_3$[Fe(CN)$_6$]（0.1 mol·L^{-1}）、酚酞（1%）、邻菲罗啉（0.1%）、活性炭（粒状，20～50目）、还原铁粉（AR）。

四、实验步骤

1. 吸氧腐蚀

(1) 按图4-1装好仪器。

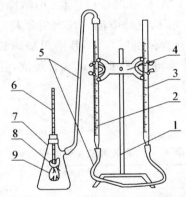

图4-1　铁粉吸氧腐蚀实验装置图

1. 铁架台　2. 量气管　3. 水平管　4. 滴定管夹　5. 橡皮管　6. 温度计
7. 带胶塞抽滤瓶　8. 捆扎棉线　9. 包有铁炭混合物的白棉布

(2) 检查装置是否漏气：松开抽滤瓶的塞子，往水平管中注入适量自来水，使量气管和水平管中的水面都在25 mL左右。上下移动水平管，以赶尽附在橡皮管和量气管中的气泡，然后盖紧抽滤瓶的塞子，使装置密封。移动水平管，使其与量气管产生约15 cm的液面差，固定水平管的位置。观察片刻，若两管液面保持恒定，说明装置不漏气；否则，要检查原因并采取措施直至不漏气。

(3) 在电子天平上称取0.02～0.03 g活性炭和1.0～1.1 g铁粉（准确记录铁粉质量），倒入研钵内研磨，使活性炭颗粒研磨成粉末并与铁粉混合均匀。然后将混合物倒在白棉布中央，在其上滴加2～3滴5%的氯化钠溶液，立即用带有橡胶塞的温度计轻轻搅匀（应呈

"豆沙状"),再迅速用白棉布将此混合物包住温度计水银球,并用棉线扎紧使之不落下。随即将温度计装入抽滤瓶中,迅速盖紧塞子(保证密封不漏气),准确读出量气管的液面读数(取下水平管并平行靠拢量气管,上下移动调整其液面与量气管液面齐平时即可读数),同时记下温度计读数。之后每隔 2 min 照样读取一次量气管和温度计读数,直至温度降低接近初始温度、量气管读数基本不变为止。

(4) 观察反应后混合物的颜色,与反应前相比有何变化,以量气管最终读数与初始体积之差计算吸氧量,并估算铁粉被腐蚀的百分率。

2. 差异充气腐蚀

(1) 腐蚀液的配制:在试管中加入 1 mL 5%的 NaCl 溶液,再加入 1 滴 0.1 mol·L^{-1}的 K$_3$[Fe(CN)$_6$]及 1 滴 1%酚酞,摇匀备用。

(2) 取一块锌片,用去污粉擦净油污和氧化层,用水洗净,再用吸水纸拭干。往锌片上滴 1~2 滴腐蚀液,静置 3~5 min,仔细观察液滴边缘和内部的颜色变化、说明原因。

3. 温度、浓度对腐蚀速度的影响

(1) 在两个 50 mL 的烧杯中各加入 30 mL 5% 的 NaCl 溶液,将一个烧杯加热到约 70℃,然后将两个烧杯以盐桥相连接,各插入一干净的铁电极组成原电池。电极与毫伏计相连,观察电极上发生的变化和毫伏计指针的偏转(或读数的变化)情况 2~3 min,设法证明原电池的正、负极。

(2) 取 A、B 两个 100 mL 的烧杯,A 中加入 5 mL 35% NaCl 溶液和 45 mL 蒸馏水,B 中加入 50 mL 35% NaCl 溶液。A 和 B 以盐桥连接,用洁净的铁片作电极,A 与毫伏计的负极相连,B 与毫伏计的正极相连,构成原电池。观察现象及毫伏计指针(或读数)变化的情况 2~3 min 后,用两支干净的滴管分别吸取 A、B 两电极附近的溶液约 1 mL 于两支试管中,再各加入 5~6 滴 0.1%邻菲罗啉溶液,摇匀。观察现象,并解释之。

五、实验数据记录与处理

活性炭:_____g;铁粉:_____g;室温:_____;压力:_____。

表 4-1 吸氧腐蚀实验数据记录

时间/min	0	2	4	6	8	10	12	14	...
温度/℃									
量气管读数/ mL									

吸氧量/mL=_____;铁粉被腐蚀的百分率(%)=_____。

六、实验思考题

(1) 为什么铁、锌等金属要在酸性介质中才会发生析氢腐蚀?

(2) 干燥的铁粉与活性炭混合物在空气中能否反应? 速度如何? 滴加 NaCl 溶液起何作用? 若 NaCl 溶液加量过多,以至完全将铁炭混合物浸没,又将出现什么情况?

(3) 在读取量气管读数时,为什么要移动水平管使其液面与量气管齐平?

(4) 联系本实验谈谈,为什么在沿海地区一般不应使用不锈钢作为承重结构材料?

实验 11　钢铁件表面光亮镀锌

一、实验目的

（1）了解钢铁件镀前处理在电镀工艺中的作用。

（2）了解镀锌的工艺操作。

（3）了解镀后钝化处理的作用。

二、实验原理

镀锌是利用电沉积原理。电镀时，被镀的钢件与直流电源的负极相连，称为阴极。与直流电源正极相连的是锌块，称为阳极。电解液为含锌离子的溶液。通电后，锌离子在阴极放电，并在钢铁件的表面析出锌。其镀锌装置如图 4-2 所示。

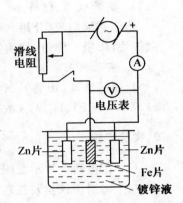

图 4-2　电镀装置示意图

镀锌的电解液种类繁多，本实验采用含光亮剂的氯化钾光亮镀锌工艺。

镀锌工艺分为三大步骤：镀前处理（包括化学除油、酸洗等）、镀锌和镀后处理（钝化处理）。

镀锌工艺流程如下：

零件装挂→化学除油→热水洗→水洗→酸洗（化学浸蚀）→热水洗→水洗→镀锌→水洗→钝化→水洗→吹干

（1）化学除油溶液配方及工艺条件：

金属清洗剂	$10\sim20\ \mathrm{g\cdot L^{-1}}$
温度	$70\sim90\ ℃$
时间	$5\sim10\ \mathrm{min}$

（2）酸洗溶液配方及工艺条件：

HCl	$1:1$
温度	室温
时间	一般 $2\sim3\ \mathrm{min}$，或到铁锈除干净为止

（3）光亮镀锌溶液配方及工艺条件：

KCl	$200\ \mathrm{g\cdot L^{-1}}$
$ZnCl_2$	$70\ \mathrm{g\cdot L^{-1}}$
H_3BO_3	$30\ \mathrm{g\cdot L^{-1}}$
镀锌光亮剂	按市售说明书添加
温度	$5\sim40\ ℃$
阴极电流密度	$1\sim2\ \mathrm{A\cdot dm^{-2}}$

（4）出光液

HNO_3	5%
温度	室温

时间	1～2 s

（5）钝化溶液配方及工艺条件：

CrO_3	250 g·L^{-1}
H_2SO_4	18 mL·L^{-1}
HNO_3	25 mL·L^{-1}
温度	室温
时间	15～20 s

三、实验仪器、材料与试剂

1. 实验仪器、材料

稳压直流电源（公用）、滑线变阻器（公用）、电解槽（公用）、电吹风机（公用）、温度计、烧杯、锌块（阳极）、螺钉、螺帽（阴极）、铁丝若干。

2. 实验试剂

金属清洗剂（市售）、HCl（10%，工业级）、镀锌光亮剂（市售）、KCl（C.P）、CrO_3（工业级）、$ZnCl_2$（CP）、H_2SO_4（浓）、H_3BO_3（CP）、HNO_3（5%）。

四、实验步骤

（1）按电镀装置示意图接好线路，将锌板放置在镀槽两端的位置。

（2）每组用铁丝装挂四副螺钉或螺帽，然后放入化学除油槽中浸泡 10 min 左右，直至零件表面的油污除尽为止。

（3）将零件从除油槽中取出，用自来水冲洗零件表面。

（4）浸入酸洗槽中 2 min 左右，以除去表面锈斑。

（5）将零件从酸洗槽中取出，用自来水冲洗零件表面。

（6）将镀前处理好的螺钉或螺帽放置在电镀槽中的阴极位置（两阳极中间）。

（7）打开稳压电源开关，按阴极电流密度 1 A·dm^{-2} 调节电阻器，开始电镀，时间控制在 10～15 min。

（8）电镀完毕，将零件出槽，水洗干净。

（9）将已电镀好锌的零件浸入出光液中出光处理，时间为 1～2 s（放入即出），水冲洗干净后，再浸入钝化液中处理 5～10 s 左右（视钝化液的浓度而定），空气中停留片刻（为什么？）。

（10）将钝化处理后的零件用冷水冲洗干净后，用电吹风机吹干或晾干。

（11）将镀好的零件交由实验指导老师检验签字，合格后验收入库。

将电镀装置拆除，仪器设备放回原处。

五、实验思考题

（1）镀前处理时，化学除油与酸洗（化学浸蚀）各起什么作用？

（2）光亮镀锌溶液中，加入光亮剂使镀层增光的原理是什么？

（3）镀锌后为什么要进行钝化处理？钝化时间过长为何不好？

实验 12 铝合金表面处理——阳极氧化

一、实验目的

(1) 了解铝合金阳极氧化原理及氧化膜的形成过程。
(2) 掌握硫酸阳极氧化工艺及流程。
(3) 掌握阳极氧化的化学着色(封闭)的工艺过程。

二、实验原理

阳极氧化(电解氧化)是通过化学作用获得氧化膜。其厚度约为 $0.5\sim250\ \mu m$。当金属在电解液中,由于外加电流的作用,使铝表面生成一层氧化物膜。这层膜能保护铝合金不受腐蚀介质的作用,又可作为喷漆底层或便于着色,而且耐磨性良好,因而铝制品经过阳极氧化处理后,大大提高了耐磨、耐蚀、耐光、耐气候及着色性能。

铝的阳极氧化的原理,实质上就是水的电解。如图 4-3 所示,通电后,金属铝作为阳极,表面发生氧化反应。铅板为阴极,表面发生还原反应,即

阳极:

$$2Al+6OH^-==Al_2O_3+3H_2O+6e^-（主要）$$
$$2OH^-==2H_2O+O_2\uparrow+4e^-（次要）$$

阴极:

$$2H^++2e^-==H_2\uparrow$$

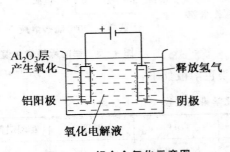

图 4-3 铝合金氧化示意图

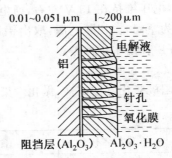

图 4-4 氧化膜的生成图

氧化膜是以针孔为中心的两层六棱体蜂窝结构组成的,外层是厚的多孔质层与基体金属之间的活性层。它是致密的 Al_2O_3 层,有阻挡电流通过的作用,又叫阻挡层(或叫做屏蔽层)。氧化膜是两种不同的化学反应同时作用的结果:一种是电化学反应,铝与阳极析出的氧作用生成 Al_2O_3,构成氧化膜的主要成分;另一种是化学反应,电解液将 Al_2O_3 不断地溶解。只有当生成速度大于溶解速度时,氧化膜才能顺利生长,并保持一定厚度。氧化膜的生成如图 4-4 所示。

阳极氧化后要进行化学着色(染色)处理和封闭处理。化学着色的目的在于装饰、标色,能获得范围广泛的色调,色泽鲜艳。封闭处理的目的在于将其多孔质层加以封闭,从而提高氧化膜的耐蚀、防污染、电绝缘等性能。

阳极氧化早已在工业上得到广泛的应用。常用的阳极氧化方法有硫酸阳极氧化法、草酸阳极氧化法、铬酸阳极氧化法、硬质和瓷质阳极氧化法等。本实验采用硫酸阳极氧化法。

三、实验仪器、材料与试剂

1. 实验仪器、材料

稳压直流电源、电阻器、电流表、烧杯、铝试样、铅板、若干导线。

2. 实验试剂

H_2SO_4 溶液（20%）、HCl 溶液（10%）、HNO_3 溶液（3%～5%）、金属清洗剂。

四、实验步骤

1. 取试样进行氧化前预处理

① 化学除油：金属清洗剂（1%～2%）、温度 60～70℃，时间 3～5 min；

② 流动热水洗；

③ 流动冷水洗；

④ 出光（HNO_3、相对密度 1.42、室温，时间以黑挂灰除尽为止）；

⑤ 流动冷水洗。

（注：也可由学生自己准备试样如铝合金钥匙）

2. 阳极氧化

电解装置如图 4－5 所示。

以铅作阴极，铝试样作阳极。电解液为 20%硫酸溶液。连接电解装置。接通直流电源，并调节滑线电阻，电压维持在 15 V 左右，通电 20～30 min（电解温度为室温）。切断电源，取出铝试样用自来水冲洗，洗好后在冷水中保护。

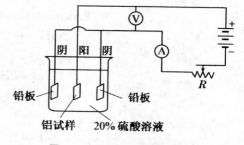

图 4－5　铝的阳极氧化装置

3. 化学着色

将阳极氧化好的试样，做化学染色试验，染色溶液如下：

表 4－2　化学染色试验

颜色	染料名称	含量	pH	温度	处理时间(min)
粉红色	活性艳红 S－3B	5～10 g·L^{-1}	8.0～9.0	30～50℃	2～5
黑色	酸性毛元 ATT 醋酸	10 g·L^{-1} 0.8～1.2 mL·L^{-1}	4.5～5.5	室温	10～15
金黄色	茜素黄 R 茜素红 S 醋酸	0.3 g·L^{-1} 0.5 g·L^{-1} 1 mL·L^{-1}	4.5～5.5	70～80℃	1～3
蓝色	湖蓝 JB 醋酸	3～5 g·L^{-1} 1 mL·L^{-1}	5.0～5.5	20～30℃	1～3

4. 封闭处理

将着色的试样用水冲洗干净后,放在沸水中进行封闭处理,约 20～30 min 后,即可得到更加致密的氧化膜。

5. 氧化膜质量检查

将试样干燥后,分别在没有氧化和已被氧化之处各滴 1 滴氧化膜质量检验液(检验液颜色由橙色变为绿色。绿色出现时间越迟,氧化膜质量越好)。同时按动秒表,记录液滴开始变色所需时间,如液滴干枯尚未变色。可继续滴加质量检验液。

五、实验思考题

(1) 对试样经阳极氧化所得膜的耐蚀性结果进行讨论。

(2) 实验时若将镍片当作铝片进行阳极氧化,试问将发生什么反应? 有何现象产生?

(3) 阳极氧化后的化学着色有何作用?

实验 13 含铬废水的处理

一、实验目的

(1) 了解用化学法处理含铬废水的基本原理和方法。

(2) 练习滴定等基本操作以及目测比色的检验方法。

(3) 掌握沉淀形成的条件控制。

(4) 熟悉 721 型分光光度计的原理和正确操作。

二、实验原理

水是一种宝贵的自然资源,不但为人类生活、动植物生长所必需,而且在工业生产上也有多种用途。随着社会人口增长及生产的扩大,一方面用水量不断增加,另一方面未经处理的废水、废物大量排入水体而造成污染,使可用水急剧减少,因而水的污染与防治问题已成为当今社会的焦点问题之一。

含铬废水中的铬主要形态是铬酸根(CrO_4^{2-})或重铬酸根($Cr_2O_7^{2-}$),主要来源于电镀厂、制革厂和颜料行业。铬是毒性较强的元素之一,Cr(Ⅵ)化合物能引起皮肤溃疡、贫血、肾炎、神经炎,且 Cr(Ⅵ)具有致癌作用。因此,含铬废水必须经过处理,达到排放标准才能允许排放。

含铬废水的处理方法有很多,本实验利用 Cr(Ⅲ)的毒性比 Cr(Ⅵ)小,用硫酸亚铁石灰法来处理含铬废水。

废水中的 $Cr_2O_7^{2-}$ 或 CrO_4^{2-} 在酸性介质中具有强氧化性,加入还原剂 $FeSO_4$ 可以使 Cr(Ⅵ)还原为 Cr(Ⅲ),其主要反应为:

$$Cr_2O_7^{2-}(aq)+6Fe^{2+}(aq)+14H^+ \!=\!=\! 2Cr^{3+}(aq)+6Fe^{3+}(aq)+7H_2O(l)$$

在碱性介质中,Cr(Ⅲ)离子可以生成 $Cr(OH)_3$ 沉淀,其反应为:

$$Cr^{3+}(aq)+3OH^-(适量) \!=\!=\! Cr(OH)_3(s) \downarrow$$

$Cr(OH)_3$ 具有两性,在过量 OH^- 存在时,会生成 CrO_2^-,则有:

$$Cr(OH)_3(s)+OH^-(适量) \!=\!=\! CrO_2^-(aq)+2H_2O(l)$$

故要使 Cr^{3+} 完全转化为 $Cr(OH)_3$ 沉淀,必须控制溶液的 pH。

本实验通过向含有 Cr^{3+}、Fe^{2+}、Fe^{3+} 的混合液中加入适量 CaO 或 NaOH 固体,使溶液呈碱性,然后加入少量 H_2O_2,将 Fe^{2+} 部分氧化为 Fe^{3+},使 Cr^{3+}、Fe^{2+}、Fe^{3+} 以一定比例氢氧化物沉淀共同析出。氢氧化物沉淀再进一步加热脱水,即可得到铁离子和其他金属离子组成的复合氧化物 $Fe^{3+}[Fe_{(1-x)}^{2+}Fe_{(1-x)}^{3+}Cr_x^{3+}]O_4$,俗称铁氧体。含铬铁氧体是一种磁性材料,可以用于电子工业,这既保护了环境,又利用了废物。

处理后水中的 Cr(Ⅵ)含量,采用比色法进行分析。Cr(Ⅵ)在酸性介质中与二苯基碳酰二肼$[CO(NH \cdot NH \cdot C_6H_5)_2]$反应生成紫红色配合物,该物质在 540 nm 处有最大吸收,用分光光度计测其吸光度并与标准曲线对照,便可以求出 Cr(Ⅵ)的含量。

为了防止溶液中的 Fe^{3+}、Al^{3+} 的干扰,需要加入适量的磷酸作掩蔽剂。

三、实验仪器与试剂

1. 实验仪器

721 型分光光度计(使用方法请见第二章§2.10)、容量瓶(100 mL)、离心机、酒精灯、石棉网、酸式滴定管(50 mL)、量筒(10 mL,100 mL)、移液管、滴管、玻璃棒、烧杯(250 mL)、水银温度计(100℃)、磁铁、蒸发皿。

2. 实验试剂

硫酸(3.0 mol·L^{-1})、硫酸亚铁(10%)、硫-磷混酸(浓硫酸∶浓磷酸∶水＝15∶15∶20(体积比))、氢氧化钠(6.0 mol·L^{-1})、H$_2$O$_2$(3%)、二苯基碳酰二肼乙醇溶液(0.1%)、重铬酸钾标准溶液(1.0 mol·L^{-1})、广泛 pH 试纸、含铬废水(可自配、称取 1.4～1.5 g 重铬酸钾溶于 1 000 mL 自来水中)或废铬酸洗液。

四、实验步骤

1. 含铬废水的处理

量取 100 mL 含铬废水置于 250 mL 烧杯中,逐滴加入 3 mol·L^{-1}硫酸溶液,并不断搅拌,直至溶液的 pH 约为 1。然后加入 10%的硫酸亚铁溶液,充分搅拌,直至溶液颜色由浅蓝色变为亮绿色(是什么?)为止。

往烧杯中继续滴加 6.0 mol·L^{-1} NaOH 溶液,调节溶液的 pH 至 8(为什么?),然后将溶液用酒精灯或水浴加热至 70℃,在不断搅拌下加入 10 滴 3%双氧水溶液,冷却静置,待亚铁离子、铁离子、Cr(Ⅲ)离子的氢氧化物沉淀完全,离心分离,滤液待检。

沉淀用蒸馏水洗涤 2～3 次,然后转移至蒸发皿中,用小火加热蒸发脱水。待冷却后,将沉淀物摊开,检查磁性。

2. 废液处理后水质的检验

(1) 重铬酸钾系列标准溶液的配制

用移液管分别移取 1.00 mg·L^{-1}重铬酸钾标准溶液 0 mL、2.00 mL、4.00 mL、6.00 mL、8.00 mL、10.00 mL 于 6 个 100 mL 容量瓶中,分别加入适量去离子水,5 滴 1∶1 硫-磷混酸和 1.5 mL 二苯基碳酰二肼乙醇溶液,然后用去离子水稀释至刻度线,摇匀,得到空白参比溶液和浓度依次为 0.02 mg·L^{-1}、0.04 mg·L^{-1}、0.06 mg·L^{-1}、0.08 mg·L^{-1}、0.10 mg·L^{-1}的重铬酸钾标准溶液备用。

(2) 处理后溶液中残留 Cr(Ⅵ)的含量测定

用移液管移取 10.00 mL 实验(1)中的滤液两份,置于 100 mL 容量瓶中,加入 5 滴 1∶1 硫-磷混酸和 1.5 mL 二苯基碳酰二肼乙醇溶液,然后用去离子水稀释至刻度线。

使用 721 分光光度计在 540 nm 处以空白试样作参比分别测定上述五个重铬酸钾系列标准溶液和含铬液的吸光度值,绘制吸光度 A～c 标准曲线,求出废液中经处理后残留的 Cr(Ⅵ)的含量(以 mg·L^{-1}计),确定是否达到国家工业废水的排放标准(小于 0.5 mg·L^{-1})。

五、实验数据记录与处理

(1) 重铬酸钾系列标准曲线及含铬液的测定:

λ＝_____;比色皿厚度:_____ cm。

表 4 - 3　重铬酸钾浓度及吸光度值

实验编号	1	2	3	4	5	6
重铬酸钾标准溶液/mL	0	2.00	4.00	6.00	8.00	含铬液 10.00
1∶1 硫-磷混酸	5 滴	5 滴	5 滴	5 滴	5 滴	5 滴
二苯基碳酰二肼乙醇溶液/mL	1.5	1.5	1.5	1.5	1.5	1.5
去离子水	定容至 100 mL					
重铬酸钾浓度/mg·L^{-1}						
吸光度值						

(2) 计算含铬液的浓度。

六、实验思考题

(1) 简述测定 Cr(Ⅵ)的含量的基本原理和方法？

(2) 在处理废水时,为什么在加硫酸亚铁前要先加酸调整 pH 至 1,之后为什么又要加碱调整 pH 至 8,若 pH 控制不好会有什么影响？

(3) 在检测反应中加入硫-磷混酸起什么作用？

(4) 本实验从吸光度求得的是总铬量(Cr(Ⅵ)+Cr(Ⅲ))还是 Cr(Ⅵ)？

(5) 本实验所使用的器皿是否可以用铬酸洗液清洗？

实验 14　印刷线路板的化学加工

一、实验目的

（1）了解铜箔腐蚀原理。

（2）掌握印刷线路板的化学加工工艺。

（3）熟悉化学浸银或电镀银与钝化工艺。

二、实验原理

制造印刷线路板的基材板料主要是酚醛树脂板、环氧树脂板等，导电材料为铜箔，用胶将铜箔粘合在上述工程塑料板上而制成。

在进行印刷线路板的化学加工时，采用三氯化铁溶液将线路图形以外不受油漆（或感光胶）保护的铜箔腐蚀掉，以剩下印刷线路备用。

铜箔的腐蚀原理如下：

$$2FeCl_3 + Cu \xrightarrow{\hspace{1cm}} 2FeCl_2 + CuCl_2$$

根据能斯特方程式：

$$\varphi(Fe^{3+}/Fe^{2+}) = \varphi^{\ominus}(Fe^{3+}/Fe^{2+}) + \frac{0.059\,17}{1}\lg\frac{c(Fe^{3+})}{c(Fe^{2+})} = 0.77 + 0.059\,17\lg\frac{c(Fe^{3+})}{c(Fe^{2+})}$$

$$\varphi(Cu^{2+}/Cu) = \varphi^{\ominus}(Cu^{2+}/Cu) + \frac{0.059\,17}{2}\lg c(Cu^{2+}) = 0.34 + \frac{0.059\,17}{2}\lg c(Cu^{2+})$$

因为 $\varphi^{\ominus}(Fe^{3+}/Fe^{2+}) > \varphi^{\ominus}(Cu^{2+}/Cu)$ 在腐蚀反应过程中 $c(Fe^{3+}) \gg c(Fe^{2+})$，而且 $c(Fe^{3+})$、$c(Fe^{2+})$、$c(Cu^{2+})$ 均在对数计算中，所以反应过程中，始终保持 $\varphi(Fe^{3+}/Fe^{2+}) > \varphi(Cu^{2+}/Cu)$。即线路图形外未被油漆保护的铜箔，在 $FeCl_3$ 溶液中，能被氧化而溶解，发生腐蚀反应。

三、实验仪器、材料与试剂

1. 实验仪器、材料

电炉、电吹风机、电热干燥箱、烧杯、玻璃棒、铜箔塑料板、毛笔。

2. 实验试剂

$K_2Cr_2O_7$、HNO_3、$FeCl_3$、HCl、$AgNO_3$、Na_2SO_3、乙二胺四乙酸二钠、浓氨水、六次甲基四胺、Q04-3 硝基内用磁漆、汽油、香蕉水、去污粉或金属清洗剂。

四、实验步骤

1. 预处理

（1）用去污粉或金属清洗剂刷擦铜箔塑料板，以除去表面油污。

（2）用清水冲洗干净后，用电吹风吹干。

2. 涂漆

（1）自己设计任意图形（电子线路图、绘图、字体等）。

（2）用毛笔将 Q04-3 硝基内用磁漆涂在自己设计的电子线路或任意图形上，对其加以保护。

（3）放入电热干燥箱内，在 $50\sim60℃$ 下烘烤半小时，或用电吹风吹干，至油漆表面干燥（以用手触摸漆膜表面而不粘手为好）。

3. 腐蚀

（1）将上述铜箔塑料板放入 $FeCl_3$ 溶液（$500\ g\cdot L^{-1}$）中，并用玻璃棒搅动溶液，加快腐蚀反应（天气过冷时，腐蚀液可用电炉适当加温）。

（2）待未被油漆保护的铜箔因腐蚀而溶解完后，从腐蚀液中拿出，水洗并吹干。

（3）用香蕉水浸泡印刷线路板上的油漆，使之溶解而除去，然后吹干待用（为使印刷线路板表面油漆彻底除净并光亮，可用香蕉水浸泡，吹干后再用细砂纸打磨，此举有利于下道工序）。

4. 化学浸银

（1）用去污粉擦刷印刷线路板图纹，然后水洗干净。

（2）在 10% 盐酸溶液中浸渍 2 s，再用水冲洗。

（3）放入化学浸银溶液中浸渍 $1\sim2\ min$，取出后，用水冲洗。

5. 钝化处理

（1）浸入 10% 盐酸中 2 s，水洗干净。

（2）浸入钝化液（$K_2Cr_2O_7$ 10 g·L^{-1} 及 HNO_3 10 mL·L^{-1}）中 10 s。

（3）水洗干净后，用电吹风机吹干或晾干。

> **附注**

化学浸银液的配制：

① 取 50 g $AgNO_3$ 溶于 500 mL 去离子水中。另取 20 g 无水 Na_2SO_3 溶于 500 mL 去离子水中，两者混合后，生成白色的 Ag_2SO_3 沉淀。用去离子水清洗沉淀 4 次。

② 取 50 g 乙二胺四乙酸二钠溶于 250 mL 去离子水中，再取 50 g 六次甲基四胺溶于 250 mL 去离子水中，将这两种溶液混合均匀。

③ 将②溶液倒入①中，搅拌使沉淀溶解，即成化学浸银溶液。

五、实验数据记录与处理

1. 制作工艺

表 4-4　印刷线路板加工工艺

工序	涂漆	漆膜烘干	腐蚀	化学浸银	钝化处理
温度					
时间					
表面外观					

2. 质量检验

目测外观、图形或字体的完整性。

六、实验思考题

(1) 为什么 $FeCl_3$ 溶液能腐蚀铜箔？

(2) 印刷线路板化学加工成电路图纹后，为什么还要进行化学浸银？

(3) 化学浸银后钝化处理起什么作用？

实验 15　聚乙烯醇缩甲醛胶水的合成

一、实验目的

（1）熟悉聚合反应原理，掌握以聚乙烯醇和甲醛为原料制备聚乙烯醇缩甲醛的操作方法。

（2）掌握带有电动搅拌回流装置的安装和操作技术。

二、实验原理

本实验中聚乙烯醇缩甲醛是由聚乙烯醇和甲醛在盐酸催化作用下，环化脱水而制得。反应方程式为：

$$—CH—CH_2—CH—CH_2— \ +HCHO \ \xrightarrow{H^+} \ —CH—CH_2—CH—CH_2— \ +H_2O$$

聚乙烯醇是一种水溶性高聚物，具有良好的溶解性和粘度，性能介于塑料和橡胶之间。同时，聚乙烯醇可以看成是一种带有仲羟基的线型高分子聚合物，分子中的仲羟基具有较高的活性，与甲醛缩合生成聚乙烯醇缩甲醛，即胶水。

聚乙烯醇缩甲醛比聚乙烯醇溶液具有粘结力更强、粘度大、耐水性强，成本低廉等优点，用途广泛，是我国合成胶粘剂大宗品种之一。

三、实验仪器与试剂

1. 实验仪器

三颈瓶（250 mL）、电动搅拌器、球形冷凝管、温度计（100℃）、水浴锅或电热套、广泛 pH 试纸。

2. 实验试剂

聚乙烯醇（17-88）、甲醛溶液（40％）、盐酸溶液（38％）、氢氧化钠溶液（10％）。

四、实验步骤

（1）在 250 mL 三颈瓶中加入 100 mL 蒸馏水和 10 g 聚乙烯醇。安装带有电动搅拌的回流装置，用 100℃水浴加热，并不断搅拌，直至聚乙烯醇完全溶解（约 1.5 h）。加入 2.5 mL 甲醛溶液，搅拌 15 min，再加入 1 mL HCl，控制反应温度在 85～90℃，20 min 左右有粘稠状物产生，此时撤去水浴。

（2）向三颈瓶中加入 10％ NaOH 溶液，调节溶液的 pH 为 8～9，约需 NaOH 溶液 5～8 mL，得无色透明的粘稠液体，即胶水。

> **附注**

1. 缩醛的性质决定于催化剂的用量、反应时间等。缩醛度（指已反应的羟基数占总羟基数的百分数)越大水溶性越差,因此反应过程中必须控制较低的缩醛度,使产物保持水溶性,如果反应过于剧烈,则会造成局部高缩醛度,导致不溶性物质生成而影响产品质量。通常缩醛度低于 50% 时溶于水,可配制成水溶性胶粘剂;缩醛度大于 50% 时不溶于水,溶于有机溶剂如乙醇和甲苯的混合溶剂中。

2. 由于高聚物的大分子扩散速度比溶剂小分子扩散速度慢,溶剂小分子能迅速地向高聚物内扩散,以使高聚物在溶解前首先发生体积增大,即溶胀。随着溶胀的继续进行,高聚物分子与溶剂分子进一步相互扩散,直至形成溶液,完全溶解。聚乙烯醇是线型高分子聚合物,在溶解过程中会发生溶胀,当温度适当、溶剂量足够多、溶解时间足够长时,才能完全溶解。

五、实验数据记录与处理

称量并记录产物的质量,计算产率。

六、实验思考题

(1) 产物的 pH 为什么要调至 8~9? 不调节 pH 对产品质量有何影响?

(2) 为什么缩醛度增加,水溶性会下降?

(3) 缩醛化反应能否达到 100%? 为什么?

实验 16　废干电池的综合利用

一、实验目的

（1）了解废干电池的资源再利用的意义。

（2）熟悉无机物的实验室提取、制备、提纯、分析等方法与技能。

（3）了解废弃物中有效成分的回收利用方法。

二、实验原理

目前，我国干电池的年生产量 170 亿只，年消耗量已达 80 亿只，成为世界电池生产消费第一大国，而且还以每年 20％的速度增长，收音机、录音机、电子词典、遥控器、手电筒等等都要用到电池，电池已经成为我们生活中必不可少的东西。目前，市场上所销售的电池都会含有对环境有害的物质。如果它们被用完后，被随手丢弃到大自然，会造成不可想象的严重后果。如：一节一号电池烂在土壤里，它的溶出物可使 1 m² 的土壤丧失农用价值。因此，合理地从旧干电池中回收、提取有用物质是解决旧干电池污染环境的一条有效途径。

日常生活中用的干电池为锌锰干电池。其负极为作为电池壳体的锌电极，正极是被 MnO_2（为增强导电能力，填充有碳粉）包围着石墨电极，电解质是氯化锌及氯化铵的糊状物，其结构如图 4-6 所示。其电池反应为：

$$Zn + 2NH_4Cl + 2MnO_2 = Zn(NH_3)_2Cl_2 + 2MnOOH$$

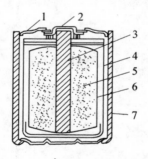

图 4-6　锌-锰电池构造

1. 火漆　2. 黄铜帽　3. 石墨棒　4. 锌筒　5. 去极剂　6. 电解液＋淀粉　7. 厚纸壳

在使用过程中，锌皮消耗最多，二氧化锰只起氧化作用，氯化铵作为电解质没有消耗，碳粉是填料。因而回收处理废干电池可以获得多种物质，如铜、锌、二氧化锰、氯化铵和碳棒等，实为变废为宝的可利用资源。

回收时，剥去电池外层包装纸，用螺丝刀撬去顶盖，用小刀挖去盖下面的沥青层，即可用钳子慢慢拔出碳棒（连同铜帽），可留着作电极用。

用剪刀（或钢锯片）把废电池外壳剥开，即可取出里面黑色的物质，它为二氧化锰、碳粉、氯化铵、氯化锌等的混合物。把这些黑色混合物倒入烧杯中，加入蒸馏水（按每节 1 号电池加 50 mL 水计算），搅拌，溶解，过滤，滤液用以提取氯化铵和氯化锌的混合物，滤渣用以制备 MnO_2 及锰的化合物。电池的锌壳可以制锌电极板及锌盐。

黑色混合物的滤渣中含有二氧化锰、碳粉和其他少量有机物。将之用水冲洗滤干固体，灼烧以除去碳粉和其他有机物，得以回收二氧化锰。

粗二氧化锰中尚含有一些低价锰和少量其他金属氧化物，也应设法除去，以获得精制二氧化锰。纯二氧化锰密度 5.03 g·cm^{-3}，535℃时分解为 O_2 和 Mn_2O_3，不溶于水、硝酸、稀硫酸中。

氯化铵在 100℃时开始显著地挥发，338℃时离解，350℃时升华。

氯化铵与甲醛作用生成六次甲基四胺和盐酸，后者用氢氧化钠标准溶液滴定，便可求出产品中氯化铵的含量。有关化学反应为：

$$4NH_4Cl + 6HCHO \underline{} (CH_2)_6N_4 + 4HCl + 6H_2O$$

得到的氯化铵和氯化锌混合物可用作电镀锌实验中电镀液的原料。

碳棒可作为化学实验中的电极材料，用于氧化还原反应和电解等实验中。

三、实验仪器、材料与试剂

1. 实验仪器

马弗炉、电炉、减压过滤装置一套、坩埚、蒸发皿、电子天平(0.01 g)、烧杯(250 mL 2 个，100 mL 2 个)、酒精灯、锥形瓶、滴定管、小锤子、螺丝刀、剪刀、废干电池若干(1 号电池)。

2. 实验试剂

甲醛溶液(40%)、NaOH 溶液(0.1 mol·L^{-1})、酚酞指示剂、AgNO$_3$ 溶液(0.1 mol·L^{-1})。

四、实验步骤

1. 废旧干电池的预处理

将一组废干电池称量，并记录质量。剥去电池表面的包装纸，用小锤子轻轻地敲扁后，再用螺丝刀撬去顶盖撬开电池密封材料，然后轻轻摇动，拔出带铜帽的碳棒，用水洗净回收。

将电池的锌皮用剪刀剪开，剥下锌皮，并用水洗净后(必要时也可用稀盐酸浸泡片刻)用剪刀剪碎放入坩埚中，置于 650℃的马弗炉中保温 30 min，取出后直接倒入冷水中冷却，冷却后，从水中取出，吹干后称量。

2. 二氧化锰的提取

将黑色粉末收集于 250 mL 烧杯中，可根据黑色粉末的量，适当加入蒸馏水，加热，使其中的氯化铵和氯化锌等电解质溶于水中，趁热减压过滤，用洗瓶冲洗滤渣至无氯离子为止(用 0.1 mol·L^{-1} AgNO$_3$ 溶液检验)。将滤渣收集于蒸发皿中，放在马弗炉中 450℃或在电炉上加热至无烟为止。取出后冷却至室温，称量并记录。

3. 氯化铵和氯化锌的提取及提纯

滤液收集于烧杯中蒸发至 50 mL 左右体积时转移蒸发皿中，用酒精灯小火蒸发至干，得到氯化铵和氯化锌的白色混合物，称量并记录。若要继续分离氯化铵和氯化锌，则可采用加热时氯化铵易于分解且易于结合的特点，将氯化铵和氯化锌分离开来。或用分析的方法计算氯化铵在混合物中的含量。

测定步骤：准确称取氯化铵和氯化锌的白色混合物约 0.2 g 两份，分别放入锥形瓶中，加蒸馏水 30 mL、40%甲醛 2 mL(以酚酞为指示剂，预先用 0.1 mol·L^{-1} NaOH 中和，以除去甲醛中含有的甲酸)，酚酞指示剂 3～4 滴，摇匀，放置 5 min，然后用 0.1 mol·L^{-1} NaOH 标准溶液滴定至溶液变红，30 s 不褪色即为终点。

氯化铵的百分含量按下式计算：

$$w(NH_4Cl) = 100 \times 0.053\,5\,CV/W\%$$

式中：C,V 为 NaOH 标准溶液的浓度及滴定时耗用的体积(mL)；W 为混合试样的质量 (g)；0.053 5 为 NH$_4$Cl 式量除以 1 000 的值。

用同样方法测定另一份试样，然后计算 NH$_4$Cl 百分含量的平均值。

4. 计算

计算碳棒、锌皮、粗二氧化锰、氯化铵和氯化锌混合物在电池中的比率。

> **附注**

已知滤液的主要成分为 NH$_4$Cl 和 ZnCl$_2$，两者在不同的温度下的溶解度(g/100 g 水) 见表 4-5。

表 4-5 NH$_4$Cl 和 ZnCl$_2$ 在不同温度下的溶解度

温度(K)	273	283	293	303	313	333	353	363	373
NH$_4$Cl	29.4	33.2	37.2	31.4	45.8	55.3	65.6	71.2	77.3
ZnCl$_2$	342	363	395	437	452	488	541	—	614

五、实验思考题

(1) 请举例说明回收的二氧化锰有何再利用的价值？

(2) 若氯化铵和氯化锌混合物不是白色混合物，说明了什么？

(3) 如何利用氯化铵和氯化锌在不同温度下的溶解度来提纯氯化铵？

实验 17　离子交换法制备实验室用纯水及其检验

一、实验目的

(1) 掌握离子交换法制备实验室用纯水的原理和方法。

(2) 练习使用离子交换树脂的一般操作方法。

(3) 掌握水的性质测试方法。

二、实验原理

制备纯水有多种方法，一般实验室通常采用的是蒸馏法和离子交换法。

离子交换法设备可大可小，操作简便，出水量大，树脂经过处理可常年使用，因此成本相比较蒸馏法低。其简易装置如图 4-7 所示。

离子交换树脂上的活性基团能与溶液中的离子起交换作用，这种过程称为离子交换。离子交换树脂按其活性基团所带电荷可分为两大类，即阳离子交换树脂和阴离子交换树脂。

前者的活性基团为酸性，其中强酸性阳树脂的活性基团可用—SO_3H 表示；后者的活性基团是碱性，其中的强碱性阴树脂可看作 NH_4OH 中的四个 H 都被有机基团 R 所取代，即用 R_4NOH 表示。

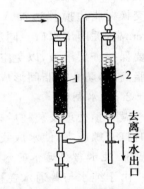

图 4-7　离子交换法装置示意图
1. 阳离子交换树脂
2. 阴离子交换树脂

阳离子交换树脂经碱、酸处理除去交换剂上可能吸附的其他离子后，即成为 $R—SO_3—H^+$；而阴离子树脂经酸、碱处理后，成为 $R_4N^+OH^-$。此时即可发生离子交换反应。

$$R—SO_3H + M^+ \longrightarrow R—SO_3M + H^+$$

$$R_4N + OH^- + W^- \longrightarrow R_4N^+W^- + OH^-$$

$$OH^- + H^+ \longrightarrow H_2O$$

式中：M^+ 代表水体中阳离子；W^- 代表水体中阴离子。

当水体以过滤的方式通过两种离子交换树脂时，阳离子和阴离子交换树脂分别将水中的有害杂质阳离子和阴离子交换为 H^+ 和 OH^-，从而达到净化水的目的。

使用一段时间后，离子交换树脂的交换能力下降，可以分别用 5%～10% HCl 和 NaOH 溶液处理阳离子和阴离子交换树脂，使其恢复离子交换能力，这叫做离子交换树脂的再生。再生后的离子交换树脂可以重复使用。

三、实验仪器、材料与试剂

1. 实验仪器、材料

电导率仪、pH 计、广泛 pH 试纸、精密 pH 试纸、离子交换柱（酸式滴定管）、移液管、锥形瓶、阴、阳离子交换树脂、清洁玻璃纤维或脱脂棉。

2. 实验试剂

EDTA 标准溶液($0.01\ mol\cdot L^{-1}$)、铬黑 T、钙指示剂、NH_3-NH_4Cl 缓冲溶液、$AgNO_3$($0.1\ mol\cdot L^{-1}$)、$BaCl_2$($1\ mol\cdot L^{-1}$)、$NaOH$($6\ mol\cdot L^{-1}$，$2\ mol\cdot L^{-1}$)、HNO_3($2\ mol\cdot L^{-1}$)、HCl($2\ mol\cdot L^{-1}$)。

四、实验步骤

1. 树脂装柱

取离子交换柱(酸式滴定管)两根，一根作为阳离子交换柱，另一根作为阴离子交换柱，垂直固定在滴定架上。在离子交换柱(酸式滴定管)底部，放置约 $0.5\ cm$ 高的清洁玻璃纤维或脱脂棉，作为支撑材料。关闭柱的流出口(活塞)，分别加入 $20\ mL$ 水，将已处理好的阳离子交换树脂边搅拌边加入阳离子交换柱中，打开出水口，继续加入树脂使之自然沉降至 $35\ cm$ 高，关闭出水口。同法，将阴离子交换树脂加至 $35\ cm$ 高，夹住出水口(装好的柱床面上要保持一层溶液，以免空气进入。各柱要装置均匀，装柱时一定要保持柱内水面高度高于树脂高度，防止树脂间形成气泡，影响交换量和流速)。

2. 纯水制备

做好预处理及装柱后，树脂即可投入使用，进行通液。直接将自来水慢慢注入交换柱，同时打开螺旋夹，使水成线流出，等流过一段时间后，收集流出液作水质检验。

3. 纯水与普通水的水质检验

由于纯水与普通水在视觉和感官上无任何差异，为了对制备的实验室用纯水进行鉴定，对普通水与纯水进行部分物理、化学性质对比测试。

(1) 电导率的测定

水的纯度越高，其电导率越小。本实验采用电导率仪来测定普通水与纯水的电导率(实验仪器操作详见第二章§2.9)。在小烧杯内盛待测水样，插入电导电极，即可从表头读出电导率的值。

(2) pH 的测定

分别采用 pH 广泛试纸、pH 精密试纸和 pH 计这几种不同的方法来测定普通水与纯水的 pH 并进行比较。

(3) 水中的离子检测

水中所含的主要阳、阴离子可作定性鉴定，常用下列方法：

① Mg^{2+} 的检测：用铬黑 T 试剂检验。在 $3\ mL$ 水样中，加入 2 滴 $6\ mol\cdot L^{-1}$ $NaOH$，再加入少许铬黑 T 试剂，观察现象。溶液颜色转红色，表示有 Mg^{2+}。

② Ca^{2+} 的检测：用钙指示剂检验。在 $1\ mL$ 水样中，加入 2 滴 $2\ mol\cdot L^{-1}$ $NaOH$ 再加入少许钙指示剂，观察现象。溶液颜色转红色，表示有 Ca^{2+}。

③ Cl^- 的检测：用 $AgNO_3$ 溶液检验。在 $1\ mL$ 水样中，加入 2 滴 $2\ mol\cdot L^{-1}$ HNO_3 酸化，再加入 2 滴 $0.1\ mol\cdot L^{-1}$ $AgNO_3$ 溶液，观察现象。若出现白色浑浊，表示有 Cl^-。

④ SO_4^{2-} 的检测：用 $BaCl_2$ 溶液检验 SO_4^{2-}。在 $1\ mL$ 水样中，加入 2 滴 $2\ mol\cdot L^{-1}$ HCl 再加入 2 滴 $1\ mol\cdot L^{-1}$ $BaCl_2$ 溶液，观察现象。若出现白色浑浊，表示有 SO_4^{2-}。

(4) 水的硬度测定

用移液管吸取水样 $50\ mL$，放入 $250\ mL$ 锥形瓶中，加 $3\ mL$ NH_3-NH_4Cl 缓冲溶液及少

许铬黑 T 试剂。用 $0.01\ mol \cdot L^{-1}$ EDTA 标准溶液滴定至由酒红色转变为蓝色，即为滴定终点。记录 EDTA 标准溶液的用量。再按同样的方法滴定一份。两次滴定的偏差不应超过 $0.10\ mL$，取平均值计算水的硬度（以 CaO 的毫克数表示）。

五、实验数据记录与处理

1. 电导率的测定

表 4-6　电导率测定结果

水样 ＼ 电导率	电导率/ $S \cdot cm^{-1}$			
	1	2	3	平均值
普通水				
纯　水				

2. pH 的测定

表 4-7　pH 测定结果

水样 ＼ pH	广泛试纸	精密试纸	pH 计
普通水			
纯　水			

3. 水中离子的检测

表 4-8　离子检测结果

	Mg^{2+}	Ca^{2+}	Cl^-	SO_4^{2-}
普通水				
纯　水				

4. 水的硬度测定

表 4-9　硬度测定结果

水样	V(EDTA,初)	V(EDTA,终)	V(EDTA,消耗)	水的硬度
1				
2				

$$水的硬度 = \frac{c(EDTA) \cdot V(EDTA)}{V(水样)} \times 1\,000 \times 56\,(mg \cdot L^{-1})$$

六、实验思考题

（1）怎样将反复使用后的离子交换树脂进行再生？

（2）比较普通水与纯水的性质差异。

实验 18　聚合三氯化铝的制备及絮凝性能测试

一、实验目的

(1) 掌握酸溶一步法制取高碱化度聚合三氯化铝的原理和实验方法。

(2) 掌握絮凝性能测试的实验技术。

二、实验原理

聚合三氯化铝(Poly-Aluminum Chloride,PAC),又称为羟基氯化铝,它的化学通式为 $[Al_2(OH)_nCl_{6-n} \cdot xH_2O]_m$($m \leqslant 10, 1 < n < 5$),它是一种高效絮凝剂。

溶液中三价铝的化合物(如 $AlCl_3$)或铝离子并非为裸露的 Al^{3+},而是带有 6 个配位水分子$[Al(H_2O)_6]^{3+}$的水合物型态。当溶液的 pH$\leqslant$3 时,它以酸的形式存在,随着溶液 pH 的不断升高,水解逐级进行;当 pH$\geqslant$3.5 时,羟基铝离子增多,各离子的羟基之间发生架桥聚合,即

$$2[Al(H_2O)_5(OH)]^{2+} \Longrightarrow [(H_2O)_4Al(OH)_2Al(H_2O)_4]^{4+} + 2H_2O$$

进一步的羟基桥联可生成$[Al_3(OH)_4(H_2O)_{10}]^{5+}$或更高级的聚合物。实验证明,氢氧化铝沉淀在 pH$\geqslant$4.7 左右开始出现,因而,一般在 PAC 制备过程中,pH 应控制在 4.7 以下。

PAC 是 $AlCl_3$ 和 $Al(OH)_3$ 的中间产物,可以看作是其中的氯离子被羟基取代而生成的产物。调节溶液的酸度,借助于羟基架桥联合的特性,可使水解生成的羟基化合物通过架桥而结合成二聚体,即

$$\begin{bmatrix} & H_2O & & H_2O & \\ H_2O & — & Al & — & H_2O \\ & H_2O & & H_2O & \end{bmatrix} Cl_3 + OH^- \Longrightarrow \begin{bmatrix} & H_2O & & OH & \\ H_2O & — & Al & — & H_2O \\ & H_2O & & H_2O & \end{bmatrix} Cl_2 + Cl^- + H_2O$$

$$2\begin{bmatrix} & H_2O & & OH & \\ H_2O & — & Al & — & H_2O \\ & H_2O & & H_2O & \end{bmatrix} Cl_2 \Longrightarrow \begin{bmatrix} H_2O & H_2O & OH & H_2O & H_2O \\ & Al & & Al & \\ H_2O & H_2O & OH & H_2O & H_2O \end{bmatrix} Cl_4 + 2H_2O$$

二聚体除以上两种羟基桥联外,还有单羟基、三羟基架桥等形式,如$[Al_2(OH)_3(H_2O)_6]Cl_3$、$[Al_2(OH)(H_2O)_{10}]Cl_5$ 等。二聚体还可以缩聚成三聚以至多聚体,如$[Al_3(OH)_6(H_2O)_6]Cl_3$、$[Al_4(OH)_6(H_2O)_{12}]Cl_6$ 等。缩聚的结果使可供架桥的羟基数目减少,聚合物的电荷增加,相互间的电相斥作用增强,这两种因素反过来又阻碍了缩聚的进一步进行。因此,为提高聚合度,一种方法是可向溶液中加入铝酸钙$[CaAl_2(OH)_8]$,理论上,1 mol 的铝酸钙可提供 2 mol 的铝离子和 8 mol 的氢氧根离子,铝离子生成新的羟基铝,促进缩聚反应的进行;另一种方法是,在此基础上加入一定量的含 SO_4^{2-} 的助聚剂,以便于在聚合体之间架桥,促进其生成更大的聚合物。限于条件,本实验中选择了加入 NaOH 溶液的聚合方法。

三、实验仪器、材料与试剂

1. 实验仪器、材料

pH 计、电导率仪、AQ4500 浊度计、水浴锅、电磁搅拌器、布氏漏斗、抽滤瓶、电炉、试管、量筒、蒸发皿、铝箔。

2. 实验试剂

HCl(15%)、饱和 NaOH 溶液、氯化铝。

四、实验步骤

1. 聚铝的制备

铝箔加入到浓度为 15 %的盐酸中,于 85℃左右搅拌浸取,反应一段时间后,取出抽滤,弃去滤渣,在滤液中滴加饱和 NaOH 溶液,控制在 pH≤4.5 条件下进行聚合,反应完毕经熟化 2~3 h,即得液体 PAC,再经蒸发及烘干(约 170℃),最终得到固体 PAC 产品。工艺流程如下:

```
      盐酸              饱和 NaOH
       ↓                 ↓
铝箔→浸取→抽滤→聚合及 pH 调整→熟化→液体 PAC→蒸发→干燥→固体 PAC
```

2. 聚铝絮凝性能测试

取高浊度原水于 250 mL 量筒中,分别加入聚合氯化铝和氯化铝。搅拌 5 min,记录絮凝体形成的时间,观察絮凝体的大小,并分别测定浊度及电导率(使用方法详见第二章 §2.9 和 §2.11)。

五、实验数据记录与处理

表 4-10 絮凝性能测定结果

絮凝剂	原水浊度	絮凝剂加入量	絮凝体形成时间	絮凝体大小	絮凝后浊度	电导率
聚铝						
氯化铝						

六、实验思考题

(1) 影响聚合氯化铝性能的因素有哪些?

(2) 比较氯化铝与聚合氯化铝的絮凝性能好坏。

第五章 开放实验

实验 19 日用化学品——洗洁精的配制

一、实验目的

（1）了解洗洁精的种类、性质及用途。

（2）掌握洗洁精的配制方法。

（3）了解洗洁精各组分的性质及配方原理。

二、实验原理

洗洁精（cleaning mixture）又叫餐具洗涤剂或果蔬洗涤剂，洗洁精是无色或淡黄色透明液体。主要用于洗涤碗碟和水果蔬菜。特点是去油腻性好、简易卫生、使用方便。

设计洗洁精的配方时，应根据洗涤方式、污垢特点、被洗物特点，以及其他功能要求，具体可归纳为以下几条：

（1）基本原则

① 对人体安全无害。

② 能较好地洗净并除去动植物油垢，即使对粘附牢固的油垢也能迅速除去。

③ 清洗剂和清洗方式不损伤餐具、灶具及其他器具。

④ 用于洗涤蔬菜和水果时，应无残留物，也不影响其外观和原有风味。

⑤ 手洗产品发泡性良好。

⑥ 消毒洗涤剂应能有效地杀灭害菌，而不危害人的安全。

⑦ 产品长期储存稳定性好，不发霉变质。

（2）配方

① 洗洁精应制成透明状液体，要设法调配成适当的浓度和粘度。

② 设计配方时，一定要充分考虑表面活性剂的配位效应，以及各种助剂的作用。如阴离子表面活性剂脂肪酸聚氧乙烯醚硫酸盐（AES）与非离子表面活性剂 6501 复配后，产品的泡沫性和去污力均好，提高增稠性。配方中加入椰油酰胺甜菜碱（CAB），抗硬水性能强，减少对皮肤的刺激。乙二胺四乙酸二钠则有助于去除金属杂质。调整产品粘度主要使用无机电解质（氯化钠）。

③ 洗洁精一般都是高碱性，主要为提高去污力和节省活性物，并降低成本。但 pH 不能大于 10.5。

④ 加入少量香精和防腐剂（卡松），目的在于杀菌防霉变，以便长期存放。

三、实验仪器与试剂

1. 实验仪器

电子天平(0.01 mg)、电炉、水浴锅、电动搅拌器、温度计(0~100℃)、烧杯(100 mL)、量筒(10 mL、100 mL)、滴管、玻璃棒。

2. 实验试剂

表面活性剂(AES、6501、CAB)、防腐剂(卡松)、乙二胺四乙酸二钠、香精、广泛 pH 试纸、氯化纳、硫酸(5%)、氢氧化钠(5%)。

四、实验步骤

1. 配方

表 5-1　洗洁精配方

名称	含量(g)	名称	含量(g)
AES	5.0	CAB	1.5
6501	2.5	卡松	0.1
乙二胺四乙酸	0.05	香精	1~2 滴
氯化钠	0.5	去离子水	40 mL

2. 操作步骤

(1) 将水浴锅中加入水并加热,烧杯中加入去离子水加热至 60℃左右。

(2) 加入 AES 并不断搅拌至全部溶解,此时水温要控制在 60℃~65℃。

(3) 保持温度 60℃~65℃,在不断连续搅拌下加入其他表面活性剂,搅拌至全部溶解为止。

(4) 降温至 40℃以下加入香精、防腐剂、螯合剂、增稠剂,并搅拌均匀。

(5) 测溶液的 pH,用稀硫酸或稀氢氧化钠调节 pH 至 7.0~8.0。

(6) 加入氯化钠调节到所需粘度。调节之前应把产品冷却到室温或测粘度时的标准温度。调节后即为成品。

> **附注**

1. AES 应慢慢加入水中。

2. AES 在高温下极易水解,因此溶解温度不可超过 65 ℃。

五、实验思考题

(1) 配制洗洁精有哪些原则?

(2) 洗洁精中各组分有什么作用?

(3) 洗洁精的 pH 应控制在什么范围? 为什么?

实验 20　瓜果、蔬菜中维生素 C 含量的测定

一、实验目的

（1）掌握 I_2 标准溶液和 $Na_2S_2O_3$ 标准溶液的配制和标定方法。

（2）通过 $Na_2S_2O_3$ 的标定，熟悉间接碘量法的基本原理和操作过程。

（3）通过维生素 C 的含量测定，熟悉直接碘量法的基本原理及操作过程。

二、实验原理

维生素 C 是人类营养中最重要的维生素之一，缺少它时会产生坏血病，因此又称为抗坏血酸（ascorbic acid），分子式为 $C_6H_8O_6$。它对物质代谢的调节具有重要的作用。近年来，发现它还有增强机体对肿瘤的抵抗力，并具有化学致癌物的阻断作用。维生素 C 是不饱和多羟基物，属于水溶性维生素。它分布很广，许多水果、蔬菜中的含量更为丰富。

由于分子中的烯二醇基具有还原性，能被 I_2 氧化成二酮基，维生素 C 的半反应为：

$$C_6H_8O_6 \rule{1cm}{0.4pt} C_6H_6O_6 + 2H^+ + 2e^-$$

1 mol 维生素 C 与 1 mol I_2 定量反应。维生素 C 的摩尔质量为 176.12 g·mol^{-1}。

由于维生素 C 的还原性很强，在空气中极易被氧化，尤其是在碱性介质中，测定时加入 HAc 使溶液呈弱酸性，可减少维生素 C 的副反应。

三、实验仪器与试剂

1. 实验仪器

分析天平（0.1 mg）、碘量瓶（250 mL，3 个）、酸式滴定管、容量瓶、移液管（25 mL）、锥形瓶、漏斗。

2. 实验试剂

I_2 标准溶液（0.05 mol·L^{-1}）、$Na_2S_2O_3$ 标准溶液（0.1 mol·L^{-1}）、淀粉溶液（0.2%）、醋酸（2 mol·L^{-1}）、维生素 C 片剂（或取水果可食部分捣碎为果浆）、盐酸（1∶1）、KI 固体（AR）、偏磷酸-醋酸溶液（取 15 g 偏磷酸溶于 40 mL 冰醋酸和 450 mL 蒸馏水中，需在冰箱中保存）。

四、实验步骤

1. 0.1 mol·L^{-1} $Na_2S_2O_3$ 标准溶液的标定

准确称取 0.15～0.2 g $K_2Cr_2O_7$ 三份于三个 250 mL 碘量瓶中，加 25 mL 蒸馏水溶解。加 KI 2 g、蒸馏水 15 mL、5 mL 6 mol·L^{-1} HCl 密塞，摇匀，在暗处放置 10 min，使 $Cr_2O_7^{2-}$ 和 I^- 反应完全。加蒸馏水 50 mL 稀释，用 0.1 mol·L^{-1} $Na_2S_2O_3$ 标准溶液滴定至将近终点（溶液呈浅黄绿色）时，加淀粉指示剂 2 mL，继续滴定至深蓝色消失（溶液呈亮绿色）即为终点。

计量关系：$Cr_2O_7^{2-} + 6I^- + 14H^+ \rule{0.8cm}{0.4pt} 2Cr^{3+} + 3I_2 + 7H_2O$

$$I_2 + 2S_2O_3^{2-} \rule{0.8cm}{0.4pt} 2I^- + S_4O_6^{2-}$$

2. 0.05 mol·L⁻¹ I₂ 溶液的标定

移取 25.00 mL Na₂S₂O₃ 标准溶液于 250 mL 锥形瓶中,加蒸馏水 60 mL 和 2% 淀粉指示剂 2 mL,用 I₂ 标准溶液滴定至溶液刚刚呈现淡蓝色为止。平行操作三次。

3. 维生素 C 的测定

准确称取维生素 C 片剂 0.8～1.0 g 左右,以偏磷酸-醋酸溶液溶解于 100 mL 容量瓶中定容,摇匀后干过滤,弃去 10 mL 左右的初滤液,收集续滤液备用。

准确移取 25 mL 上述维生素 C 片剂滤液或果浆于 250 mL 锥形瓶中,加 0.2% 淀粉指示剂 5 mL,立即用 0.05 mol·L⁻¹ I₂ 标准溶液滴定至溶液刚呈现蓝色稳定为终点。

五、实验数据记录与处理

1. $Na_2S_2O_3$ 标准溶液的标定

表 5-2　$Na_2S_2O_3$ 标准溶液标定结果记录

	1	2	3
称取 $K_2Cr_2O_7$ 的质量/g			
消耗 $Na_2S_2O_3$ 的体积/mL			
$c(Na_2S_2O_3)/mol·L^{-1}$			

2. I_2 溶液的标定

表 5-3　I_2 溶液的标定结果记录

	1	2	3
$Na_2S_2O_3$ 的体积/mL	25.00	25.00	25.00
消耗 I_2 的体积/mL			
$c(I_2)/mol·L^{-1}$			

3. 维生素 C 的测定

表 5-4　维生素 C 含量测定结果记录

	1	2	3
滤液的体积/mL	25.00	25.00	25.00
消耗 I_2 的体积/mL			
维 C 的含量/%			

六、实验思考题

(1) 为什么维生素 C 的含量可以直接用碘量法测定?

(2) 为什么测定维 C 含量需要在 HAc 介质中进行?

实验 21　茶叶中微量元素的鉴定与定量分析

一、实验目的

(1) 了解并掌握鉴定茶叶中某些化学元素的方法。

(2) 掌握配合滴定法测茶叶中钙、镁含量的方法和原理。

(3) 掌握分光光度法测茶叶中微量铁的方法。

(4) 提高综合运用知识的能力。

二、实验原理

茶叶是我国的一种传统饮料,有非常悠久的历史。茶叶属植物类,其化学成分是由 $3.5\% \sim 7.0\%$ 的无机物和 $93\% \sim 96.5\%$ 的有机物组成。茶叶中除含有丰富的蛋白质、脂类、碳水化合物、氨基酸、生物碱、茶多酚、有机酸、色素、香气成分、维生素、皂苷、甾醇等营养物质外,还含有较丰富的微量元素,如磷、钾、硫、镁、锰、氟、铝、钙、钠、铁、铜、锌、硒等多种。这些微量元素与人体健康有着密切的联系,常饮茶有利于补充这些必需微量元素。

本实验的目的是要求从茶叶中定性鉴定 Fe、Al、Ca、Mg 等元素,并对 Fe、Ca、Mg 进行定量测定。

茶叶需先进行"干灰化"。"干灰化"即试样在空气中置于敞口的蒸发皿和坩埚中加热,把有机物经氧化分解而烧成灰烬。这一方法特别适用于生物和食品的预处理。灰化后,经酸溶解,即可逐级进行分析。

铁铝混合液中 Fe^{3+} 对 Al^{3+} 的鉴定有干扰。利用 Al^{3+} 的两性,加入过量的碱,使 Al^{3+} 转化为 AlO_2^- 留在溶液中,Fe^{3+} 则生成 $Fe(OH)_3$ 沉淀,经分离去除后,消除了干扰。

钙镁混合液中,Ca^{2+} 和 Mg^{2+} 的鉴定互不干扰,可直接鉴定,不必分离。

钙、镁含量的测定,可采用配合滴定法。在 $pH = 10$ 的条件下,以铬黑 T 为指示剂,EDTA 为标准溶液。直接滴定可测得 Ca、Mg 总量。若欲测 Ca、Mg 各自的含量,可在 $pH > 12.5$ 时,使 Mg^{2+} 生成氢氧化物沉淀,以钙指示剂、EDTA 标准溶液滴定 Ca^{2+},然后用差减法即得 Mg^{2+} 的含量。

Fe^{3+}、Al^{3+} 的存在会干扰 Ca^{2+}、Mg^{2+} 的测定,分析时,可用三乙醇胺掩蔽 Fe^{3+} 与 Al^{3+}。

铁、铝、钙、镁各自的特征反应式如下:

$$Fe^{3+} + n\ KSCN(饱和) \longrightarrow Fe(SCN)_n^{3-n}(血红色) + n\ K^+$$

$$Al^{3+} + 铝试剂 + OH^- \longrightarrow 红色絮状沉淀$$

$$Mg^{2+} + 镁试剂 + OH^- \longrightarrow 天蓝色沉淀$$

$$Ca^{2+} + C_2O_4^{2-} \xrightarrow{HAc 介质} CaC_2O_4(白色沉淀)$$

根据上述特征反应的实验现象,可分别鉴定出 Fe、Al、Ca、Mg 四种元素。

茶叶中铁含量较低,可用分光光度法测定。在 $pH = 2 \sim 9$ 的条件下,Fe^{2+} 与邻菲啰啉能生成稳定的橙红色的配合物,反应式如下:

此络合物在避光时可稳定半年。测量波长为 510 nm,其摩尔吸光系数为 1.1×10^4 L·mol^{-1}·cm^{-1}。若用还原剂(如盐酸羟胺)将高铁离子还原,则本法可测高铁离子及总铁含量。

在显色前,用盐酸羟胺把 Fe^{3+} 还原成 Fe^{2+},其反应式如下:

$$4Fe^{3+} + 2NH_2 \cdot OH === 4Fe^{2+} + H_2O + 4H^+ + N_2O$$

显色时,溶液的酸度过高(pH<2),反应进行较慢;若酸度太低,则 Fe^{2+} 水解,影响显色。

三、实验仪器、材料与试剂

1. 实验仪器、材料

电热干燥箱、研钵、称量瓶、电子天平(0.1 g)、分析天平(0.1 mg)、蒸发皿、电炉、中速定量滤纸、长颈漏斗、容量瓶(250 mL,2 只)、容量瓶(50 mL,6 只)、点滴板、锥形瓶(250 mL)、酸式滴定管(50 mL)、吸量管(5 mL,10 mL)、721 型分光光度计、广泛 pH 试纸。

2. 实验试剂

铬黑 T(1%)、HCl(6 mol·L^{-1})、HAc(2 mol·L^{-1},6 mol·L^{-1})、NH$_3$·H$_2$O(6 mol·L^{-1})、NaOH(6 mol·L^{-1})、(NH$_4$)$_2$C$_2$O$_4$(0.25 mol·L^{-1})、EDTA(0.01 mol·L^{-1})、饱和 KSCN 溶液、Fe 标准溶液(0.010 mg·L^{-1})、铝试剂、镁试剂、三乙醇胺水溶液(25%)、钙指示剂、NH$_3$·H$_2$O-NH$_4$Cl 缓冲溶液(pH=10)、HAc-NaAc 缓冲溶液(pH=4.6)、邻菲啰啉水溶液(0.1%)、盐酸羟胺水溶液(1%)。

四、实验步骤

1. 茶叶的预处理

取在 100～105℃下烘干的茶叶 7～8 g 于研钵中捣成细末,转移至称量瓶中,称出称量瓶和茶叶的质量和,然后将茶叶末全部倒入蒸发皿中,再称空称量瓶的质量,差减得蒸发皿中茶叶的准确质量。

将盛有茶叶末的蒸发皿加热使茶叶灰化(在通风厨中进行),然后升高温度,使其完全灰化,冷却后,加 6 mol·L^{-1} HCl 10 mL 于蒸发皿中,搅拌溶解(可能有少量不溶物)将溶液完全转移至 150 mL 烧杯中,加水 20 mL,再加 6 mol·L^{-1} NH$_3$·H$_2$O 适量控制溶液 pH 为 6～7,使之产生沉淀。并置于沸水浴加热 30 min,过滤,然后洗涤烧杯和滤纸。滤液直接用 250 mL 容量瓶盛接,并稀释至刻度,摇匀,贴上标签 1$^{\#}$,待测。

另取 250 mL 容量瓶一只于长颈漏斗之下,用 6 mol·L^{-1} HCl 10 mL 重新溶解滤纸上的沉淀,并少量多次地洗涤滤纸。完毕后,稀释容量瓶中滤液至刻度线,摇匀,贴上标签 2$^{\#}$,待测。

2. Fe、Al、Ca、Mg 元素的鉴定

(1) 从 1# 试液的容量瓶中倒出试液 1 mL 于一洁净的试管中,然后从试管中取液 2 滴于点滴板上,加镁试剂 1 滴,再加 6 mol·L^{-1} NaOH 2～3 滴碱化,观察现象,作出判断。

再从 1# 容量瓶取试液 1 mL 于另一试管中,加入 4～5 滴 2 mol·L^{-1} HAc 酸化,再加 3～4 滴 0.25 mol·L^{-1}(NH$_4$)$_2$C$_2$O$_4$,观察实验现象,作出判断。

(2) 从 2# 试液的容量瓶中倒出试液 1 mL 于一洁净试管中,然后从试管中取试液 2 滴于点滴板上,加饱和 KSCN 溶液 1 滴,根据实验现象,作出判断。

再从 2# 容量瓶中取试液 10 mL,加 6 mol·L^{-1} NaOH 直至白色沉淀溶解为止,离心分离,取上层清液于另一试管中,加 6 mol·L^{-1} HAc 2 滴酸化,加铝试剂 3～4 滴,放置片刻后,加 6 mol·L^{-1} NH$_3$·H$_2$O 2 滴碱化,在水浴中加热,观察实验现象,作出判断。

3. 茶叶中 Ca、Mg 总量的测定

从 1# 容量瓶中准确吸取试液 25 mL 置于 250 mL 锥形瓶中,加水稀释至约 50 mL,加 25% 10 mL 三乙醇胺溶液,摇匀后再加 5 mL 6 mol·L^{-1} NaOH 溶液,再摇匀,加约少量固体钙指示剂,此时溶液呈酒红色。然后以 0.01 mol·L^{-1} EDTA 标准溶液滴定至溶液呈纯蓝色,即为终点。计算钙的含量。

再从 1# 容量瓶中准确吸取试液 25 mL 置于 250 mL 锥形瓶中,加入 25% 5 mL 三乙醇胺溶液,再加入 NH$_3$·H$_2$O-NH$_4$Cl 缓冲溶液 10 mL,摇匀,最后加入铬黑 T 指示剂少许,用 0.01 mol·L^{-1} EDTA 标准溶液滴定至溶液由红紫色恰变纯蓝色,即达终点,根据 EDTA 的消耗量,计算所得为钙、镁的总量,由此减去钙量即为镁的含量。

4. 茶叶中 Fe 含量的测量

(1) 标准曲线的绘制

用吸量管分别吸取铁的标准溶液 0 mL,2.0 mL,4.0 mL,6.0 mL,8.0 mL 于 5 只 50 mL 容量瓶中,依次分别加入 5.0 mL 盐酸羟胺,5.0 mL HAc-NaAc 缓冲溶液,5.0 mL 邻菲啰啉,用蒸馏水稀释至刻度,摇匀,放置 10 min。以空白溶液为参比溶液,3 cm 的比色皿,波长为 510 nm,用 721 分光光度计分别测其吸光度。以 50 mL 溶液中铁含量为横坐标,相应的吸光度为纵坐标,绘制邻菲啰啉亚铁的标准曲线。

(2) 茶叶中 Fe 含量的测定

用吸量管从 2# 容量瓶中吸取试液 2.5 mL 于 50 mL 容量瓶中,依次加入 5.0 mL 盐酸羟胺,5.0 mL HAc-NaAc 缓冲溶液,5.0 mL 邻菲啰啉,用水稀释至刻度,摇匀,放置 10 min。以空白溶液为参比溶液,在同一波长处测其吸光度,并从标准曲线上求出 50 mL 容量瓶中 Fe 的含量,并换算出茶叶中 Fe 的含量,以 Fe$_2$O$_3$ 质量数表示之。

附注

1. 茶叶尽量捣碎,利于灰化。

2. 灰化应彻底,若酸溶后发现有未灰化物,应定量过滤,将未灰化的重新灰化。

3. 茶叶灰化后,酸溶解速度较慢时可小火略加热,定量转移要安全。

4. 测 Fe 时,使用的吸量管较多,应插在所吸的溶液中,以免搞错。

5. 1# 250 mL 容量瓶试液用于分析 Ca、Mg 元素,2# 250 mL 容量瓶用于分析 Fe、Al 元素,不要混淆。

五、实验思考题

（1）测定钙、镁含量时加入三乙醇胺的作用是什么？

（2）为什么 pH＝6～7 时，能将 Fe^{3+}、Al^{3+} 与 Ca^{2+}、Mg^{2+} 分离完全。

（3）通过本实验，你对分析问题和解决问题方面有何收获？请谈谈体会。

实验 22　印刷电路腐蚀废液的回收和利用

一、实验目的

（1）了解由印刷电路腐蚀废液回收铜、铁的原理。

（2）了解从金属铜制取硫酸铜的方法。

（3）学会蒸发、浓缩、结晶等基本操作。

二、实验原理

用于印刷电路的腐蚀液种类较多，有 $FeCl_3$、$HCl+H_2O_2$、$(NH_4)_2S_2O_3$、$CrO_3+H_2SO_4$ 等。通常用的是 $FeCl_3$ 溶液和 $HCl+H_2O_2$ 的混合溶液，腐蚀时发生的化学反应如下：

$$Cu+2FeCl_3 = CuCl_2+2FeCl_2$$

$$Cu+H_2O_2+2HCl = CuCl_2+2H_2O$$

腐蚀后的废液中含有大量 $CuCl_2$、$FeCl_2$ 和 $FeCl_3$，如将铜与铁化合物分离，回收是很有实际意义的。它既可减少污染，消除公害，又能化废为宝。简便方法是用铁将铜置换出来，回收金属铜，留在溶液中的二氯化铁，通过蒸发、浓缩、结晶以 $FeCl_2 \cdot 4H_2O$ 晶体析出。在 H_2O_2+HCl 的腐蚀废液中，除用置换法回收金属铜外，也可以直接将溶液蒸发、浓缩制成 $CuCl_2 \cdot 2H_2O$ 结晶水合物。

$FeCl_2 \cdot 4H_2O$ 为透明、淡蓝色晶体，易被空气氧化，由浅蓝到草绿及黄绿色；$CuSO_4 \cdot 5H_2O$ 为深蓝或淡蓝色晶体，俗名胆矾或蓝矾，常用作农业杀虫剂、纺织品的媒染剂、配制电镀铜液等。硫酸铜可由铜或氧化铜与硫酸反应来制得。金属铜在高温下灼烧时，被空气氧化为 CuO：

$$2Cu+O_2 = 2CuO$$

CuO 和 H_2SO_4 反应生成 $CuSO_4$：

$$CuO+H_2SO_4 = CuSO_4+H_2O$$

溶液经过滤、浓缩、结晶即可得到 $CuSO_4 \cdot 5H_2O$ 晶体。要使产品具有较高的纯度，还可以进行重结晶。

本实验是由 $FeCl_3$ 腐蚀废液中回收金属铜和晶体，并由铜制取 $CuSO_4 \cdot 5H_2O$。

三、实验仪器及试剂

1. 实验仪器

烧杯（100 mL、150 mL）、量筒（50 mL）、坩埚、蒸发皿（150 mL）、常压过滤和减压过滤装置、电子天平（0.1 g）、滤纸。

2. 实验试剂

$FeCl_3$ 腐蚀废液（$FeCl_2$ 2～2.5 $mol \cdot L^{-1}$，$CuCl_2$ 1～1.3 $mol \cdot L^{-1}$）、HCl（6 $mol \cdot L^{-1}$）、H_2SO_4（6 $mol \cdot L^{-1}$）、$KSCN$（0.1 $mol \cdot L^{-1}$）、$FeCl_2 \cdot 4H_2O$ 固体（市售）、铁粉。

四、实验步骤

1. 铜粉的回收

取 $FeCl_3$ 腐蚀废液(溶液颜色由绿色至棕色,无浑浊,若浑浊可滴加 6 mol·L^{-1} HCl 至溶液澄清)100 mL 放入 150 mL 烧杯中,分次加入铁粉 5～6 g,不断搅拌,直至铜被全部置换和 Fe^{3+} 被还原为 Fe^{2+} 为止,溶液应呈透明的青绿色。将溶液和沉淀常压过滤。沉淀移至烧杯中,加去离子水 20 mL 和 6 mol·L^{-1} 1HCl 2 mL 浸泡,以除去多余的铁粉(沉淀应无黑色,无气泡放出),减压过滤,沉淀用去离子水洗 2～3 次,吸干,称量后,放入回收瓶中。滤液合并留作以下实验用。

2. 二氯化铁的回收

将上述滤液移至 100 mL 蒸发皿中,加铁粉 1 g,加热、蒸发、浓缩,直至液面出现少许晶膜为止(溶液在蒸发过程中若出现浑浊变黄,则滴加 6 mol·L^{-1} HCl 搅拌使之澄清;若出现铜粉,则重复实验步骤 1 回收铜粉的操作)。迅速趁热减压过滤,滤液移入烧杯后用冷水冷却结晶。二氯化铁结晶后,减压过滤得到 $FeCl_2$·$4H_2O$ 晶体,吸干、称量。

取等量(1 小粒)自制产品与市售二氯化铁固体,用等量(1～2 mL)热去离子水溶解后,比较两者的颜色。再各加入 0.1 mol·L^{-1} KSCN 溶液 1 滴,观察两者颜色的区别。

实验结束后,将 $FeCl_2$·$4H_2O$ 晶体和母液各放入回收瓶中。

3. 硫酸铜的制备

称取 3 g 铜粉放入坩埚中,加热灼烧,并不断搅拌,使铜充分氧化。反应完成后,放置冷却。

在蒸发皿中加入 6 mol·L^{-1} H_2SO_4 20 mL 后,边搅拌,边将 CuO 粉末慢慢加入其中,再把蒸发皿放在石棉网上小火加热并不断搅拌,可得蓝色溶液(反应中如出现结晶,可以补充适量的去离子水)。将溶液趁热过滤,除去不溶杂质。滤液移到蒸发皿中,加热浓缩至液面出现结晶膜,用冷水冷却使其结晶,减压过滤即可得到 $CuSO_4$·$5H_2O$ 晶体,称量,计算产率。

五、实验数据记录与处理

(1) 二氯化铁的回收

表 5-5 回收 $FeCl_2$ 的质量和纯度

$FeCl_2$·$4H_2O$/g	纯度	
	$FeCl_2$(市售)	$FeCl_2$(自制)

(2) 硫酸铜的产率计算。

表 5-6 $CuSO_4$·$5H_2O$ 的产率

Cu 粉/g	$CuSO_4$·$5H_2O$/g	
	测量值	理论值

六、实验思考题

（1）用 3 g 铜粉制取 $CuSO_4 \cdot 5H_2O$ 晶体，理论上需要多少毫升的 $6\ mol \cdot L^{-1}\ H_2SO_4$，实际上为什么比理论量多？

（2）经放置的 $FeCl_3$ 腐蚀废液，常常浑浊，为什么，如何处理？

（3）要提高产品的纯度，本实验应注意什么问题？

实验 23　叶脉书签的制备及表面装饰

一、实验目的

（1）学会制备叶脉书签的意义和方法。

（2）了解叶脉表面金属化和装饰电镀的基本原理。

（3）掌握叶脉表面金属化和装饰电镀的工艺和操作规程。

二、实验原理

叶脉电镀又称树叶装饰电镀，是在精选具有艺术性、硬而密脉络的树叶，如桂花树叶，经去除叶绿素露出叶脉，再经表面金属化后进行电镀加工。这些树叶经过整型、加工后，既能保持树叶原有的逼真原状，又能体现电镀后的高雅华贵，可长期保存，是一种艺术性很强的、又能丰富人们文化生活的新型装饰工艺品。

一般来说，叶脉装饰电镀主要工艺分为：叶脉处理、表面金属化及装饰电镀三大部分。

（1）叶脉处理：叶脉处理是将新摘下来的树叶在碱性水溶液浸泡作用下，去除叶绿素而使表面呈现出较为完整的自然叶脉形态的过程。树叶要选择叶脉硬而挺、立体感强、造型美观、具有一定欣赏价值的。通常的做法：在氢氧化钠溶液中适当加入一些碳酸钠并加热煮之，可促使叶绿素迅速脱落，以树叶绿色转为黄绿色为好。清洗煮好的树叶仍会有少部分叶绿素残留在叶脉上，就必须用软毛刷沿叶脉轻轻刷洗，以叶脉完好无损为合格。

（2）表面金属化：表面金属化是使一般非金属材料表面能导电的处理方法，为下步电镀做好准备，可通过敏化、活化、还原、化学镀来实现。

（3）装饰电镀：经过表面金属化的叶脉可以通过光亮镀铜或光亮镀镍实现光亮、平整的表面外观。

经整型、装饰电镀后的树叶可制成胸针、发夹等新型、高档饰品；又可根据树叶形状对拼成欣赏性、艺术性较强的工艺品。

三、实验仪器与试剂

1. 实验仪器

直流稳压电源、烧杯、电炉、镊子、玻璃片、铜棒、铜阳极和镍阳极、导线若干。

2. 实验试剂

无水乙醇、盐酸、碳酸钠、氢氧化钠、氯化亚锡、氯化钯、硫酸镍、次亚磷酸钠、柠檬酸三钠、氯化铵、硫酸铜、硫酸、十二烷基硫酸钠、聚乙二醇、氯化镍、硼酸、糖精。

四、实验步骤

1. 叶脉表面处理

（1）叶片的选择

选择叶脉粗壮而密的树叶。一般以常绿木本植物为好。如桂花叶、石楠叶、茶树叶等。在叶片充分成熟并开始老化的夏末或秋季选叶制作为最佳。

（2）用碱液煮叶片

在搪瓷杯或沙锅内将配好的碱液煮沸后放入洗净的叶子适量,煮沸,并用玻璃棒轻轻拨动叶子,防止叶片叠压,使其均匀受热。煮沸一段时间后,检查叶肉受腐蚀和易剥离情况（煮沸直至叶片变成棕褐色时叶肉易脱落）,如易分离即可将叶片全部捞出,放入盛有清水的塑料盆中,再逐片进行叶肉与叶脉的分离。

（3）清洗叶肉

将煮后的树叶放在玻璃板上并展平,用软毛刷在叶面上轻轻刷试,受腐蚀的叶肉即可被刷掉,然后在水龙头下面冲洗,继续刷试,直到叶肉全部去掉。

（4）漂白叶脉

将刷洗净的叶脉放在漂白粉溶液中漂白后捞出,用清水冲洗后夹在旧书报纸中,吸干水分后取出,即可成为叶脉书签使用。

2. 叶脉的表面金属化

工艺流程:水洗 → 敏化 → 水洗 → 活化 → 水洗 → 还原 → 化学镀镍 → 水洗

各步骤的工艺及操作条件见附注 2。

在化学镀镍之后,应在玻璃板（或其他平板）下压平使之干燥,以便成型。

3. 中期制作

用点焊的方法配置悬挂件,如定位、钩子等挂件。悬挂件材料一般采用细的紫铜丝,点焊之前,将细铜丝在酸液中浸泡一下（小于 30 s）,然后覆以焊锡进行点焊。焊面应尽可能保证平整,使之呈现树叶茎脉的原有风貌。这样可以保持叶脉整体颜色的一致性。

4. 装饰电镀

将焊有细铜丝并经过金属化处理的叶脉作阴极,铜板或镍板作阳极,进行光亮镀铜或光亮镀镍（具体的镀液配方和工艺参数见附注 3）。取出叶脉,水洗,然后用两玻璃平板压平定型晾干。

> 附注

1. 叶脉处理:

碱液:氢氧化钠 $50 \sim 60 \ g \cdot L^{-1}$

　　　碳酸钠（大苏打） $10 \sim 20 \ g \cdot L^{-1}$

（也可用石灰水代替碱液）

2. 表面金属化溶液配方

表 5-7　表面金属化工艺参数及溶液配方

工艺过程	配　方					工艺参数	
						温度	时间
	氯化亚锡	盐酸	乙醇	—	—		
敏化	$20 \sim$ $25 \ g \cdot L^{-1}$	$10 \sim$ $20 \ mL \cdot L^{-1}$	余量（加锡粒）			$15 \sim 30 ℃$	10 min

续表

工艺过程	配方					工艺参数	
						温度	时间
活化	氯化钯	—	乙醇	—	—	15~30℃	3~5 min
	0.25 g·L^{-1}	—	1 000 mL	—	—		
还原	次亚磷酸钠	—	—	—	—	15~30℃	0.5~1 min
	25~30 g·L^{-1}	—	—	—	—		
化学镀镍	次亚磷酸钠	柠檬酸三钠	硫酸镍	氯化铵	稳定剂	35~45℃ pH8.5~9.5	5~10 min
	30 g·L^{-1}	10 g·L^{-1}	20 g·L^{-1}	30 g·L^{-1}	10 mL·L^{-1}		

3. 装饰电镀

表5-8 电镀液配方及工艺参数

镀种	光亮镀铜		光亮镀镍	
配方	硫酸铜	200 g·L^{-1}	硫酸镍	220 g·L^{-1}
	硫酸	60 g·L^{-1}	氯化镍	40 g·L^{-1}
	十二烷基硫酸钠	0.05 g·L^{-1}	硼酸	30 g·L^{-1}
	聚乙二醇(4 000~6 000)	0.75 g·L^{-1}	十二烷基硫酸钠	0.05 g·L^{-1}
	N	0.000 5 g·L^{-1}	糖精	2 g·L^{-1}
	M	0.000 6 g·L^{-1}	光亮剂	2 mL·L^{-1}
工艺参数	电流密度	2 A·dm^{-2}	2 A·dm^{-2}	
	温度	10~40℃	50~60℃	
	时间	20 min	3 min	
	pH	—	4.5~5.5	

五、实验思考题

(1) 叶脉在进行装饰性电镀前必须先进行表面金属化的意义是什么?

(2) 为什么化学镀前要进行敏化、活化工艺操作?

(3) 叶脉装饰电镀工艺分几部分进行,关键工艺是哪一步?

实验 24　蔬果中有机磷农药残留速测

一、实验目的

（1）了解蔬果表面有机磷残留对人体的危害。

（2）了解蔬果表面有机磷残留的检测方法。

（3）掌握一些蔬果表面有机磷残留速测技术。

二、实验原理

随着农药产业的发展,化学农药在作物病虫害的综合防治中具有不可替代的作用,引起人们的普遍关注。但是,由于长期和大量地使用化学农药,致使一些性质较为稳定,对人畜具有积累性、慢性毒害的化学成分,在动植物体内,甚至在人体内不断积累。因食用农药污染的蔬菜、水果而发生的中毒事故近年来屡见不鲜。其中重要原因之一就与食用含有化学农药污染的蔬菜等食品有关。因为食用品中残留农药大部分为神经性毒剂,作用于高等动物神经系统,引起神经滞后反应(Delayed neurotoxicity, DNT),有的还有致癌、致畸、致基因突变等作用。为了有效地减少农药残留引起的中毒事件,20 世纪 90 年代国内又重新开始农药残留速测技术及相关仪器的研究。

检测方法根据测试原理,现主要采用的是理化分析方法和生物测定方法两大类。农药残留的理化分析方法是基于农药本身的化学性质或结构特点进行分析的方法,一般仲裁方法或标准方法均采用此方法,它具有高灵敏度、快速、高效,但由于试样的前处理要求高、费时、费试剂、局限于实验室使用。农药残留的生物分析方法是利用生物的生理生化反应来判定农药残留的含量以及农药污染的情况,在测定时无需前处理或前处理比较简单。其优点是速度快、检测时间短、所需仪器设备简单、适用于现场测定;其缺点是测定时有时会有假阳性、假阴性的情况出现,有特异性产生。随着科学技术的不断发展,越来越多的高效、快速的检测方法会孕育而出。

速测灵是快速检测有机磷农药残留的化学制剂,特别是对剧毒农药甲胺磷、对硫磷、水胺硫磷、氧化乐果等有较高的灵敏度,农药溶液的检测极限为 1 ppm,蔬菜果品的农药残留检测极限为 2 ppm,凡经本制剂检测通过的蔬菜农药残留量确保≤5 ppm,一般不会引起中毒事故。

速测灵化学制剂检测的蔬菜与果品的种类有:

（1）蔬菜与果品

① 叶菜:青菜、白菜、鸡毛菜、苞菜、花菜、苋菜、紫角叶、菠菜、生菜、菜苔;

② 茄果与瓜:番茄、辣椒、黄瓜、丝瓜、苦瓜;

③ 豆类:豇豆、四季豆、扁豆、荷兰豆;

④ 果品:苹果、梨、杏、枣、桃、柿;

⑤ 其他:韭菜、葱、蒜、茼蒿、菊花脑、萎蒿。

（2）不能检测的蔬菜、果品

韭黄、马铃薯、萝卜、葡萄、桔子、李子、食用菌、桂元、荔枝。

三、实验仪器与试剂

1. 实验仪器

培养皿（Φ10 cm）、量积器、比色管（25 mL）、小角匙、量筒。

2. 实验试剂

洗脱液、有机磷检测剂 A、有机磷检测剂 B。

四、实验步骤

1. 洗脱

（1）用专用农药洗脱液 5 mL 倒入白色洗净的培养皿中，加清水 15 mL，把带柄舒展的菜叶（或果品）置于（浸泡）洗脱液中，用手（手需洗净）轻洗正反面各 2～3 次，约 1 min。洗脱部位力求周到，特别是叶片的中下部要洗到。

（2）洗脱的面积或长度。用量积器（总面积 40 cm^2），估测需检测对象的面积或长度。

叶菜类：60～80 cm^2（鸡毛菜一般 4～5 叶，青菜一般 3 叶）；果品、番茄等：80 cm^2；豇豆类：80 cm^2。其他蔬菜、果品可参考。

（3）要求

① 清洗轻提均匀到位；

② 不能损坏叶片，不能使植物组织液渗出；

③ 检测对象要做到四无：即要无新虫孔，无蚜虫等害虫，无虫粪、蜜露，无泥土污染。否则，会干扰检测结果。

2. 移液

将经洗脱的洗脱液静置 1～2 min，然后取上面的清液 5 mL，倒入透明的玻璃比色管中。

3. 滴试剂

（1）用专用小角匙取有机磷检测剂 A1 角匙（用量积器边刮平为准），倒入比色管中混匀，震荡片刻，杯中液呈现紫红色。

（2）再将有机磷检测剂 B（黄色液体）1 滴滴于比色管中，均匀后静置 5～10 min，观察颜色变化。

4. 鉴别

（1）如比色管中液体褪色则表示有机磷农药残留超量，不能食用。若不褪色或褪色不显著，表明无有机磷农药残留，或不超量。

（2）多点抽样，至少重复测定 3 次，如有两次结果相同则可作出判断。

5. 评价

对所检测的蔬果进行评价。

> **附注**
>
> 1. 制剂有轻度腐蚀性，禁入口眼。
> 2. 制剂应置于避光、阴凉处储存，保质期两年。

五、实验思考题

（1）通过实验对所用食用品的认识有哪些方面提高？

（2）为了人们的身体健康，还应从哪些方面进行预防？

实验 25 固体酒精的制备

一、实验目的

（1）掌握硬脂酸法制备固体酒精的原理和方法。

（2）了解固体酒精中各种组成成分的作用。

二、实验原理

固体酒精并不是固体状态的酒精（酒精的熔点很低，是 $-117.3℃$，常温下不可能是固体），而是将工业酒精中加入凝固剂使之成为固体型态。使用时用一根火柴即可点燃，燃烧时无烟尘、无毒、无异味，火焰温度均匀，温度可达到 600℃ 左右，使用方便、安全。因此，是一种理想的方便燃料。

硬脂酸（$CH_3(CH_2)_{16}COOH$）是白色有光泽的柔软固体，不溶于水，加热至 $70\sim71℃$ 熔化，加热时溶于酒精形成溶液。当加入氢氧化钠后与硬脂酸反应生成硬脂酸钠。

硬脂酸与氢氧化钠混合后将发生下列反应：

$$C_{17}H_{35}COOH + NaOH \Longrightarrow C_{17}H_{35}COONa + H_2O$$

反应生成的硬脂酸钠是一个长碳链的极性分子，室温下在酒精中不易溶。在较高的温度下，硬脂酸钠可以均匀地分散在液体酒精中，而冷却后则形成凝胶体系，使酒精分子被束缚于相互连接的大分子之间，呈不流动状态而使酒精凝固，形成了固体状态的酒精。

在配方中可加入石蜡等物料作为粘结剂，可以得到质地更加结实的固体酒精燃料。还可以加入不同的金属离子，一方面可以改变固体酒精的外观色泽，另一方面可以改变固体酒精燃烧时火焰的颜色。如加入硝酸铜的固体酒精外观为嫩绿色，火焰的颜色为绿色。

三、仪器仪器、材料与试剂

1. 实验仪器与材料

三颈烧瓶、回流冷凝管、电子天平（0.01 g）、试管夹、温度计、电热恒温水浴锅、坩埚、烧杯（500 mL、100 mL）、量筒（5 mL）、蒸发皿、铁三角架、模具。

2. 实验试剂

硬脂酸、酒精（95%）、氢氧化钠溶液（40%）、硝酸铜溶液（10%）、石蜡、酚酞（1%）。

四、实验步骤

（1）在电热恒温水浴锅中加入 2/3 体积的水，将加热温度设定为 70℃。

（2）在三颈烧瓶中加入 50 mL 酒精和 2 滴酚酞，并称取 2.5 g 硬脂酸和 0.6 g 石蜡一起加入三颈烧瓶中，在水浴锅上加热、回流至硬脂酸、石蜡熔化。

（3）用小量筒量取约 2 mL 40% 氢氧化钠溶液滴入，滴加速度先快后慢，滴到溶液颜色由无色变为浅红色又马上褪掉为止（pH 控制在 8 左右）。继续维持水浴温度在 70℃，搅拌、回流反应 10 min。

（4）一次性加入 1.5 mL 10% 的硝酸铜溶液（可以自己选用不同的金属盐溶液，使固体酒精的外观和火焰显示不同的颜色)再反应 5 min 后,停止加热,冷却至 60℃,再将溶液倒入不同形状的模具中,自然冷却后得嫩绿色(若选用其他盐,则颜色发生改变)的不同形状的固体酒精。观察其外观和硬度。

(5) 称取 3 g 左右的固体酒精,于蒸发皿中点燃,记录燃烧时间。

(实验时应注意使酒精原料远离明火,室内要注意通风。)

五、实验数据记录及处理

(1) 制备固体酒精中各种组分的实际用量

表 5-9　固体酒精原料用量及产品外观

酒精/mL	硬脂酸/g	石蜡/g	40%氢氧化钠/mL	显色剂	外观 (颜色、质地)

(2) 制得的固体酒精的燃烧状况

表 5-10　固体酒精燃烧性能

称取的固体酒精的质量/g	燃烧时间/s	火焰颜色

六、实验思考题

(1) 在制作固体酒精中是否可以用石蜡代替硬脂酸钠?

(2) 固体酒精中各种组成成分的作用是什么?

(3) 采用硬脂酸钠法制备固体酒精过程中,为什么 pH 应控制在 8 左右?

实验26　食品添加剂羧甲基纤维素钠的制备

一、实验目的

(1) 了解羧甲基纤维素钠的性质及用途。

(2) 掌握羧甲基纤维素钠的制备原理和检测方法。

二、实验原理

羧甲基纤维素钠(Carboxyl methyl cellulose, CMC),又称羧甲基纤维素,分子式为 $[C_6H_7O_2(OH)_2CH_2COONa]_n$,是纤维素醚类中产量最大的、用途最广、使用最为方便的产品,俗称为"工业味精"。羧甲基纤维素钠外观为白色或微黄色絮状纤维粉末或白色粉末,易溶于冷水或热水,形成具有一定粘度的透明溶液。溶液为中性或微碱性,不溶于乙醇、乙醚、异丙醇、丙酮等有机溶剂,可溶于含水 60% 的乙醇或丙酮溶液。有吸湿性,对光热稳定,粘度随温度升高而降低,溶液 pH 在 2~10 稳定,pH 低于 2,有固体析出,pH 高于 10 粘度降低。变色温度 227℃,炭化温度 252℃。

CMC 的重要特性具有高粘度、增稠、流动、乳化分散、赋形、保水、保护胶体、薄膜成型、耐酸、耐盐、悬浊等特性,且生理无害,因此在食品工业中做为增稠剂,在医药工业中做为增稠剂和乳化剂,在日化业中做为污垢吸附剂,在造纸工业中做为纸面平滑剂、施胶剂,在纺织、印染工业中做为上浆剂等。

在食品中添加 CMC,能够降低食品的生产成本、提高食品档次、改善食品口感,还能够延长食品的保质期,是食品工业理想的食品添加剂,可广泛用于各种固体和液体饮料、罐头、糖果、糕点、肉制品、饼干、方便面、卷面、速煮食品、速冻风味小吃食品及豆奶、酸奶、花生奶、果茶、果汁等食品的生产之中。在不同的食品中,CMC 具有不同的用途和用量。用于食品中的 CMC,对其质量指标应有一定的要求,在作为食品添加剂使用之前,应对其各项质量指标进行检测。

有羧甲基取代基的纤维素衍生物,是用氢氧化钠处理纤维素,使其碱化形成碱纤维素,再与氯乙酸发生醚化反应制得,化学反应式如下:

碱化:$[C_6H_7O_2(OH)_3]_n + nNaOH \longrightarrow [C_6H_7O_2(OH)_2ONa]_n + nH_2O$

醚化:$[C_6H_7O_2(OH)_2ONa]_n + nClCH_2COONa \longrightarrow [C_6H_7O_2(OH)_2OCH_2COONa]_n + nNaCl$

三、仪器仪器、材料与试剂

1. 实验仪器与材料

旋转式粘度计、电热恒温水浴锅、酒精灯、烧杯(100 mL)、电子天平(0.001 g)、试管、玻璃棒、量筒(50 mL,5 mL)、铂丝、抽滤瓶、带塞磨口瓶。

2. 实验试剂

滤纸、酒精、氢氧化钠溶液(40%)、氯乙酸、浓盐酸、酒精溶液(65%~70%)、硫酸铜溶液(1%)、广泛 pH 试纸。

四、实验步骤

1. 羧甲基纤维素的制备

(1) 用电子天平称取 2 g 左右的滤纸,并将滤纸剪碎(越碎越好),将剪碎的滤纸放在 100 mL 小烧杯中,逐滴加入 6 mL 40%氢氧化钠溶液,不断搅拌均匀。

(2) 另取 3.0 g 氯乙酸溶解在 6 mL 酒精中,把此溶液逐滴加入烧杯中,搅拌均匀,放置过夜(取出少许置于盛有清水的试管中,摇动后如溶解则反应完全)。

(3) 反应完全后的溶液即形成碱性羧甲基纤维素,将其倒入盛有 3.0 mL 浓盐酸和 60 mL 65%~70%酒精溶液的烧杯中,搅拌均匀。中和至 pH 为 7 左右,抽气过滤,用少量 65%~70%酒精冲洗,取出晾干即得羧甲基纤维素,并称量所制得的羧甲基纤维素的质量。

2. 羧甲基纤维素的性能测定

(1) 鉴别:取 1 g 试样,置于 50 mL 温水中,搅拌均匀,继续搅拌至胶状,冷却至室温。

① 取上述试液 15 mL,加入 1.5 mL 盐酸,产生白色沉淀。

② 取上述试液 25 mL,加入 5 mL 10%硫酸铜溶液,产生绒毛状淡蓝色沉淀。

③ 用盐酸湿润铂丝,先在无色火焰上灼烧至无色,再蘸取试液少许,在无色火焰中燃烧,火焰即呈鲜黄色(钠离子反应)。

(2) pH 测定:1%试样水溶液,用 pH 试纸或 pH 计测定 pH。

(3) 粘度的测定:准确称取经过 105℃烘箱干燥 2 h 的 1 g 试样(准确至 0.001 g),移入 125 mL 带塞磨口瓶内,再加 99 mL 蒸馏水,在温热条件下,使试样全部溶解均匀,放置 5~10 h 后,放入恒温水浴内,溶液温度控制在(25.0±0.5)℃,然后用旋转式粘度计,测定其绝对粘度。

五、实验数据记录及处理

1. 羧甲基纤维素的制备

表 5-11 羧甲基纤维素制备数据记录

称取的滤纸的质量/g	制得的羧甲基纤维素的质量/g	羧甲基纤维素的收率/%

2. 羧甲基纤维素的性能测定

表 5-12 性能测试结果

实验编号	实验内容	实验结果	
		现象	解释
(1)	试液+盐酸		
	试液+硫酸铜溶液		
	盐酸湿润铂丝蘸取试液燃烧		
(2)	pH 测定		
(3)	粘度测定		

六、实验思考题

(1) 天然纤维素是由什么组成的？

(2) 羧甲基纤维素的用途有哪些？

附　录

附录1　常用化学危险品的分类和性质

危险品是指受光、热、空气、水或撞击等外界因素的影响,可能引起燃烧、爆炸的药品,或具有强腐蚀性、剧毒性的药品。常用危险品按危险性可分为以下几类。

类　别		举　例	性　质	注意事项
1. 爆炸品		硝酸铵、苦味酸、三硝基甲苯	遇高热摩擦、撞击等,引起剧烈反应,放出大量气体和热量,产生猛烈爆炸	存放于阴凉、低下处。轻拿轻放
2.易燃品	易燃液体	丙酮、乙醚、甲醇、乙醇、苯等有机溶剂	沸点低、易挥发,遇火则燃烧,甚至引起爆炸	存放阴凉处,远离热源。使用时注意通风,不得有明火
	易燃固体	赤磷、硫、萘、硝化纤维	燃点低,受热、摩擦、撞击或遇氧化剂,可引起剧烈连续燃烧、爆炸	存放阴凉处,远离热源。使用时注意通风,不得有明火
	易燃气体	氢气、乙炔、甲烷	因撞击、受热引起燃烧。与空气按一定比例混合,则会爆炸	使用时注意通风,如为钢瓶气,不得在实验室存放
	遇水易燃品	钠、钾	遇水剧烈反应,产生可燃气体并放出热量,此反应热会引起燃烧	保存于煤油中,切勿与水接触
	自燃物品	黄磷	在适当温度下被空气氧化、放热,达到燃点而引起自燃	保存于水中
3. 氧化剂		硝酸钾、氯酸钾、过氧化氢、高锰酸钾	具有强氧化性、遇酸、受热、与有机物、易燃品、还原剂等混合时,因反应引起燃烧或爆炸	不得与易燃品、爆炸品、还原剂等一起存放
4. 剧毒品		氰化钾、三氧化二砷、升汞、氯化钡、六六六	剧毒、少量侵入人体(误食或接触伤口)引起中毒,甚至死亡	专人、专柜保管,现用现领,用后的剩余物,无论是固体或液体都应交回保管人,并应设有使用登记表
5. 腐蚀性药品		强酸、氟化氢、强碱、溴、酚	具有强腐蚀性,触及物品造成腐蚀、破坏,触及人体皮肤,引起化学烧伤	不要与氧化剂、易燃品、爆炸品放在一起

附录 2　常用化合物相对分子量表

化合物	相对分子量	化合物	相对分子量	化合物	相对分子量
$AgBr$	187.77	Fe_2O_3	159.69	K_2CrO_4	194.19
AgI	234.77	Fe_3O_4	231.54	$K_2Cr_2O_7$	294.18
$AgNO_3$	169.87	$FeSO_4 \cdot 7H_2O$	278.01	$K_3Fe(CN)_6$	329.25
Al_2O_3	101.96	H_3BO_3	61.83	KI	166.00
$BaCl_2$	208.24	HBr	80.91	$KMnO_4$	158.03
$BiCl_3$	315.34	HCN	27.03	KNO_3	101.10
C_2H_5OH	46.07	$HCOOH$	46.03	KOH	56.11
CO_2	44.01	CH_3COOH	60.05	K_2SO_4	174.25
C_6H_5OH	94.11	H_2CO_3	62.02	$MgCO_3$	84.31
$CO(NH_2)_2$（尿素）	60.06	$H_2C_2O_4$	90.04	$MgCl_2$	95.21
CaO	56.08	HCl	36.46	MgO	40.30
CaC_2O_4	128.10	HF	20.01	$Mg(OH)_2$	58.32
$CaCO_3$	100.09	HI	127.91	$MgSO_4 \cdot 7H_2O$	246.47
$CaCl_2$	110.99	HNO_2	47.01	$MnCl_2 \cdot 4H_2O$	197.91
$Ca(OH)_2$	74.09	HNO_3	63.01	MnO_2	86.94
$CaSO_4$	136.14	H_2O	18.02	$MnSO_4$	151.00
CdS	144.47	H_2O_2	34.02	$MnSO_4 \cdot 4H_2O$	223.06
$CoCl_2$	129.84	H_3PO_4	98.00	NH_3	17.02
$CoSO_4$	154.99	H_2S	34.08	$(NH_4)_2C_2O_4$	124.10
Cr_2O_3	151.99	H_2SO_3	82.07	$NH_3 \cdot H_2O$	35.05
$CuCl_2$	134.45	H_2SO_4	98.07	$(NH_4)_2HPO_4$	132.06
CuO	79.54	$HgCl_2$	271.50	CH_3COONH_4	77.08
CuS	95.61	Hg_2Cl_2	472.09	NH_4Cl	53.49
$CuSO_4$	159.06	HgS	232.65	$(NH_4)_2S$	68.14
$CuSO_4 \cdot 5H_2O$	249.68	$HgSO_4$	296.65	$(NH_4)_2SO_4$	132.13
$FeCl_2$	126.75	KBr	119.00	NO	30.01
$FeCl_2 \cdot 4H_2O$	198.81	KCl	74.55	NO_2	46.01
$FeCl_3$	162.21	KCN	65.12	$Na_2B_4O_7 \cdot 10H_2O$	381.37
$FeCl_3 \cdot 6H_2O$	270.30	$KSCN$	97.18	Na_2CO_3	105.99
FeO	71.58	K_2CO_3	138.21	CH_3COONa	82.03

化合物	相对分子量	化合物	相对分子量	化合物	相对分子量
NaCl	58.44	$Na_2S_2O_3$	158.10	SO_2	64.06
$NaHCO_3$	84.01	$Na_2S_2O_3 \cdot 5H_2O$	248.17	SO_3	80.06
Na_2HPO_4	141.90	Na_2SiO_3	122.06	SiO_2	60.08
$Na_2HPO_4 \cdot 12H_2O$	358.14	$NiSO_4 \cdot 7H_2O$	280.86	$SnCl_2$	189.60
NaOH	40.00	P_2O_5	141.95	$SnCl_4$	260.50
Na_3PO_4	163.94	$PbCl_2$	278.10	$ZnCl_2$	136.29
$Na_3PO_4 \cdot 12H_2O$	380.18	PbI_2	461.01	ZnO	81.38
Na_2S	78.04	PbO_2	239.20	ZnS	97.44
Na_2SO_3	126.04	PbS	239.30	$ZnSO_4$	161.54
Na_2SO_4	142.04	$PbSO_4$	303.30	$ZnSO_4 \cdot 7H_2O$	287.55

附录 3　不同温度下水的饱和蒸汽压

温度/℃	压力/kPa	温度/℃	压力/kPa	温度/℃	压力/kPa
0	0.612 5	17	1.937	34	5.320
1	0.656 8	18	2.064	35	5.623
2	0.705 8	19	2.197	36	5.942
3	0.758 0	20	2.338	37	6.275
4	0.813 4	21	2.487	38	6.625
5	0.872 4	22	2.644	39	6.992
6	0.935 0	23	2.809	40	7.376
7	1.002	24	2.985	41	7.778
8	1.073	25	3.167	42	8.200
9	1.148	26	3.361	43	8.640
10	1.228	27	3.565	44	9.101
11	1.312	28	3.780	45	9.584
12	1.402	29	4.006	46	10.09
13	1.497	30	4.243	47	10.61
14	1.598	31	4.493	48	11.16
15	1.705	32	4.755	49	11.74
16	1.818	33	5.030	50	12.33

续表

温度/℃	压力/kPa	温度/℃	压力/kPa	温度/℃	压力/kPa
51	12.96	68	28.56	85	57.81
52	13.61	69	29.83	86	60.12
53	14.29	70	31.16	87	62.49
54	15.00	71	32.52	88	64.94
55	15.74	72	33.95	89	67.48
56	16.51	73	35.43	90	72.80
57	17.31	74	35.96	91	72.80
58	18.14	75	38.55	92	75.60
59	19.01	76	40.19	93	78.48
60	19.92	77	41.88	94	81.45
61	20.86	78	43.64	95	84.52
62	21.84	79	45.47	96	87.68
63	22.85	80	47.35	97	90.94
64	23.91	81	49.29	98	94.30
65	25.00	82	51.32	99	97.76
66	26.14	83	53.41	100	101.30
67	27.33	84	55.57		

附录4　实验室常用酸、碱溶液的密度和浓度

溶液名称	密度/g·mL^{-1}(20℃)	质量百分数	物质的量浓度/mol·L^{-1}
H_2SO_4（浓）	1.84	98%	18
H_2SO_4（稀）	1.18 1.16	25% 9.1%	3 1
HNO_3（浓）	1.42	68%	16
HNO_3（稀）	1.20 1.07	32% 12%	6 2
HCl（浓）	1.19	38%	12
HCl（稀）	1.10 1.033	20% 7%	6 2
H_3PO_4	1.7	86%	15
冰醋酸	1.05	99%～100%	17.5

溶液名称	密度/g·mL^{-1}(20℃)	质量百分数	物质的量浓度/mol·L^{-1}
HAc(稀)	1.02	12%	2
HF	1.13	40%	23
NH$_3$·H$_2$O（浓）	0.90	27%	14
NH$_3$·H$_2$O（稀）	0.98	3.5%	2
NaOH(浓)	1.43 1.33	40% 30%	14 13
NaOH(稀)	1.09	8%	2
Ba(OH)$_2$(饱和)	—	2%	～0.1%
Ca(OH)$_2$(饱和)	—	0.15%	—

附录5　常用酸、碱的解离常数

一、酸

酸	温度/℃	级	K_a	pK_a
硼酸（H$_3$BO$_3$）	20	1	7.3×10^{-10}	9.14
	20	2	1.8×10^{-13}	12.74
	20	3	1.6×10^{-14}	13.80
碳酸（H$_2$CO$_3$）	25	1	4.3×10^{-7}	6.37
	25	2	5.61×10^{-11}	10.25
铬酸（H$_2$CrO$_4$）	25	1	1.8×10^{-4}	3.74
	25	2	3.2×10^{-7}	6.49
氢氰酸（HCN）	25	1	4.93×10^{-10}	9.31
氢氟酸（HF）	25	1	3.53×10^{-4}	3.45
氢硫酸（H$_2$S）	18	1	9.1×10^{-8}	7.04
	18	2	1.1×10^{-12}	11.96
次溴酸（HBrO）	25	—	2.06×10^{-9}	8.69
硫酸（H$_2$SO$_4$）	25	2	1.2×10^{-2}	1.92
亚硫酸（H$_2$SO$_3$）	18	1	1.54×10^{-2}	1.81
	18	2	1.02×10^{-7}	6.91
甲酸（HCOOH）	20	—	1.77×10^{-4}	3.75
醋酸（CH$_3$COOH）	25	—	1.76×10^{-5}	4.75

续表

酸	温度/℃	级	K_a	pK_a
草酸($H_2C_2O_4$)	25	1	5.9×10^{-2}	1.23
	25	2	6.4×10^{-5}	4.19
次氯酸(HClO)	18	—	2.95×10^{-8}	7.53
次碘酸(HIO)	25	—	2.3×10^{-11}	10.64
碘酸(HIO_3)	25	—	1.69×10^{-4}	3.77
亚硝酸(HNO_2)	12.5	—	4.6×10^{-4}	3.37
高碘酸(HIO_4)	25	—	2.3×10^{-2}	1.64
磷酸(H_3PO_4)	25	1	7.52×10^{-3}	2.12
	25	2	6.23×10^{-8}	7.21
	18	3	2.2×10^{-12}	12.67

二、碱

碱	温度/℃	级	K_b	pK_b
氨水($NH_3\cdot H_2O$)	25	—	1.79×10^{-5}	4.75
氢氧化铍($Be(OH)_2$)	25	—	5×10^{-11}	10.30
氢氧化钙($Ca(OH)_2$)	25	1	3.74×10^{-3}	2.43
	30	2	4.0×10^{-2}	1.40
联氨(NH_2-NH_2)	20	—	1.7×10^{-6}	5.77
羟胺(NH_2OH)	20	—	1.07×10^{-8}	7.97
氢氧化铅($Pb(OH)_2$)	25	—	9.6×10^{-4}	3.02
氢氧化银(AgOH)	25	—	1.1×10^{-4}	3.96
氢氧化锌($Zn(OH)_2$)	25	—	9.6×10^{-4}	3.02

附录6　常用缓冲溶液的配制

缓冲溶液组成	pK_a	缓冲 pH	缓冲溶液配制方法
氨基乙酸-HCl	2.35(pK_{a1})	2.3	取氨基乙酸 150 g 溶于 500 mL 水中后,加浓 HCl 80 mL,水稀释至 1 L
H_3PO_4-柠檬酸盐	—	2.5	取 $Na_2HPO_4\cdot12H_2O$ 113 g 溶于 200 mL 水后,加柠檬酸 387 g,溶解,过滤后,稀释至 1 L
邻苯二甲酸氢钾-HCl	2.95(pK_{a1})	2.9	取 500 g 邻苯二甲酸氢钾溶于 500 mL 水中,加浓 HCl 80 mL,稀释至 1 L

缓冲溶液组成	pK$_a$	缓冲 pH	缓冲溶液配制方法
甲酸-NaOH	3.76	3.7	取 95 g 甲酸和 NaOH 40 g 于 50 mL 水中,溶解,稀释至 1 L
NaAc-HAc	4.74	4.7	取无水 NaAc 83 g 溶于水中,加冰醋酸 60 mL,稀释至 1 L
六次甲基四胺-HCl	5.15	5.4	取六次甲基四胺 40 g 溶于 200 mL 水中,加浓 HCl 100 mL,稀释至 1 L
NH$_3$-NH$_4$Cl	9.26	9.2	取 NH$_4$Cl 54 g 溶于水中,加浓氨水 63 mL,稀释至 1 L

附录 7　常用指示剂

一、酸碱指示剂

指示剂名称	变色范围(pH)	颜色变化	溶液配制方法
茜素黄 R	1.9 ~ 3.3	红→黄	0.1%水溶液
甲基橙	3.1 ~ 4.4	红→橙黄	0.1%水溶液
溴酚蓝	3.0 ~ 4.6	黄→蓝	0.1 g 溴酚蓝溶于 100 mL 20%乙醇中
刚果红	3.0 ~ 5.2	蓝紫→红	0.1%水溶液
茜素红 S	3.7 ~ 5.2	黄→紫	0.1%水溶液
溴甲酚绿	3.8 ~ 5.4	黄→蓝	0.1 g 溴甲酚绿溶于 100 mL 20%乙醇中
甲基红	4.4 ~ 6.2	红→黄	0.1 g 甲基红溶于 100 mL 60%乙醇中
溴百里酚蓝	6.0 ~ 7.6	黄→蓝	0.05 g 溴百里酚蓝溶于 100 mL 20% 乙醇中
中性红	6.8 ~ 8.0	红→黄橙	0.1 g 中性红溶于 100 mL 60%乙醇中
甲酚红	7.2 ~ 8.8	亮黄→紫红	0.1 g 甲酚红溶于 100 mL 50%乙醇中
百里酚蓝 (麝香草酚蓝)	第一次变色 1.2 ~ 2.8 第二次变色 8.0 ~ 9.6	红→黄 黄→蓝	0.1 g 百里酚蓝溶于 100 mL 20%乙醇中
酚酞	8.2 ~ 10.0	无→红	0.1 g 酚酞溶于 100 mL 60% 乙醇中
麝香草酚酞 (百里酚酞)	9.4 ~ 10.6	无→蓝	0.1 g 麝香草酚酞溶于 100 mL 90% 乙醇中

二、酸碱混合指示剂

指示剂溶液的组成	变色点的 pH	颜色		备注
		酸色	碱色	
1份 0.1%甲基黄乙醇溶液 1份 0.1%亚甲基蓝乙醇溶液	3.25	蓝紫	绿	pH = 3.2 蓝紫色 pH = 3.4 绿色
1份 0.1%甲基橙水溶液 1份 0.1%靛蓝二磺酸钠水溶液	4.1	紫	黄绿	pH = 4.1 灰色
1份 0.1%溴甲酚绿乙醇溶液 1份 0.1%甲基红乙醇溶液	5.1	酒红	绿	颜色变化极显著
1份 0.1%溴甲酚绿钠盐水溶液 1份 0.1%氯酚红钠盐水溶液	6.1	黄绿	蓝紫	pH = 5.4 蓝绿色 pH = 5.8 蓝色 pH = 6.0 蓝微带紫色 pH = 6.2 蓝紫色
1份 0.1%中性红乙醇溶液 1份 0.1%亚甲基蓝乙醇溶液	7.0	蓝紫	绿	pH = 7.0 蓝紫色
1份 0.1%甲酚红钠盐水溶液 1份 0.1%百里酚蓝钠盐水溶液	8.3	黄	紫	pH = 8.2 粉色 pH = 8.4 紫色
1份 0.1%酚酞乙醇溶液	8.9	绿	紫	pH = 8.8 浅蓝色 pH = 9.0 紫色
1份 0.1%酚酞乙醇溶液 1份 0.1%百里酚乙醇溶液	9.9	无	紫	pH = 9.6 玫瑰色 pH = 10.0 紫色

三、吸附指示剂

指示剂名称	待测离子	滴定剂	颜色变化	适用的 pH
荧光黄(荧光素)	Cl^-	Ag^+	黄绿色(有荧光)→粉红色	7 ~ 10
二氯荧光黄	Cl^-	Ag^+	黄绿色(有荧光)→红色	4 ~ 10
曙红(四溴荧光黄)	Br^-、I^-、SCN^-	Ag^+	橙黄色(有荧光)→红紫色	2 ~ 10
酚藏红	Cl^-、Br^-	Ag^+	红色→蓝色	酸性

四、金属指示剂

指示剂名称	颜色		配制方法
	游离态	化合态	
铬黑 T(EBT)	蓝	酒红	① 将 0.5 g 铬黑 T 溶于 100 mL 水中 ② 将 1 g 铬黑 T 与 100 g NaCl 研细、混匀
钙指示剂	蓝	红	将 0.5 g 钙指示剂与 100 g NaCl 研细、混匀
二甲基橙(XO)	黄	红	将 0.1 g 二甲基橙溶于 100 mL 水中

指示剂名称	颜色		配制方法
	游离态	化合态	
K－B 指示剂	蓝	红	将 0.5 g 酸性铬蓝 K 加 1.25 g 奈酚 B,再加 25 g KNO₃ 研细、混匀
磺基水杨酸	无色	红	将 1 g 磺基水杨酸溶于 100 mL 水中
吡啶偶氮奈酚(PAN)	黄	红	将 0.1 g 吡啶偶氮奈酚溶于 100 mL 乙醇中
邻苯二酚紫	紫	蓝	将 0.1 g 邻苯二酚紫溶于 100 mL 水中
钙镁试剂(calmagite)	红	蓝	将 0.5 g 钙镁试剂溶于 100 mL 水中

五、氧化还原指示剂

指示剂名称	变色电势 $\varphi^{\ominus}/V$	颜色		配制方法
		氧化态	还原态	
二苯胺	0.76	紫	无色	将 1 g 二苯胺在搅拌下溶于 100 mL 浓硫酸和 100 mL 浓磷酸,贮于棕色瓶中
二苯胺磺酸钠	0.85	紫	无色	将 0.5 g 二苯胺磺酸钠溶于 100 mL 水中,必要时过滤
邻苯氨基苯甲酸	0.89	紫红	无色	将 0.2 g 邻苯氨基苯甲酸加热溶解在 100 mL 0.2% Na₂CO₃ 溶液中,必要时过滤
邻二氮菲硫酸亚铁	1.06	浅蓝	红	将 0.5 g FeSO₄·7H₂O 溶于 100 mL 水中,加 2 滴 H₂SO₄,加 0.5 g 邻二氮菲

附录 8　难溶电解质的溶度积常数(25℃)

化合物	K_{sp}	化合物	K_{sp}	化合物	K_{sp}
AgBr	5.0×10^{-13}	Ag₂S	6.3×10^{-50}	Bi(OH)₃	4×10^{-31}
Ag₂CO₃	8.1×10^{-12}	Al(OH)₃	1.3×10^{-33}	BiOCl	1.8×10^{-31}
Ag₂C₂O₄	3.4×10^{-11}	BaCO₃	5.1×10^{-9}	Bi₂S₃	1×10^{-97}
AgCl	1.8×10^{-10}	BaCrO₄	1.2×10^{-10}	CdCO₃	5.2×10^{-12}
Ag₂CrO₄	1.1×10^{-12}	BaF₂	1.0×10^{-6}	Cd(OH)₂	2.5×10^{-14}
AgCr₂O₇	2.0×10^{-7}	BaC₂O₄	1.6×10^{-7}	CdS	8.0×10^{-27}
AgIO₃	3.0×10^{-8}	Ba₃(PO₄)₂	3.4×10^{-23}	CaCO₃	2.8×10^{-9}
AgI	8.3×10^{-17}	BaSO₄	1.1×10^{-10}	CaC₂O₄·H₂O	4×10^{-9}
Ag₃PO₄	1.4×10^{-16}	BaSO₃	8×10^{-7}	CaCrO₄	7.1×10^{-4}
Ag₂SO₄	1.4×10^{-5}	BaS₂O₃	1.6×10^{-5}	CaF₂	5.3×10^{-9}

续表

化合物	K_{sp}	化合物	K_{sp}	化合物	K_{sp}
$Ca(OH)_2$	5.5×10^{-6}	$FeCO_3$	3.2×10^{-11}	$\alpha - NiS$	3.2×10^{-19}
$CaHPO_4$	1×10^{-7}	$Fe(OH)_2$	8.0×10^{-16}	$\beta - NiS$	1.0×10^{-24}
$Ca_3(PO_4)_2$	2.0×10^{-29}	$FeC_2O_4 \cdot 2H_2O$	3.2×10^{-7}	$\gamma - NiS$	2.0×10^{-25}
$CaSO_4$	9.1×10^{-6}	$Fe(OH)_3$	4×10^{-38}	$PbBr_2$	4.0×10^{-5}
$Cr(OH)_3$	6.3×10^{-31}	$FePO_4$	1.3×10^{-22}	$PbCO_3$	7.4×10^{-14}
$Co(OH)_2$（新析出）	1.6×10^{-15}	FeS	6.3×10^{-18}	PbC_2O_4	4.3×10^{-10}
$CoCO_3$	1.4×10^{-13}	$K_2(PtCl_6)$	1.1×10^{-5}	$PbCl_2$	1.6×10^{-5}
$Co(OH)_3$	1.6×10^{-44}	Hg_2I_2	4.5×10^{-29}	$PbCrO_4$	2.8×10^{-13}
$\alpha - CoS$	4.0×10^{-21}	Hg_2SO_4	7.4×10^{-7}	PbI_2	7.1×10^{-9}
$\beta - CoS$	2.0×10^{-25}	Hg_2S	1.0×10^{-47}	$Pb_3(PO_4)_2$	8.0×10^{-43}
$CuBr$	5.3×10^{-9}	HgS(红)	4×10^{-53}	$PbSO_4$	1.6×10^{-8}
$CuCl$	1.2×10^{-6}	HgS(黑)	1.6×10^{-52}	PbS	8.0×10^{-28}
$CuCN$	3.2×10^{-20}	$MgCO_3$	3.5×10^{-8}	$Sn(OH)_2$	1.4×10^{-28}
$CuCO_3$	1.4×10^{-10}	MgF_2	6.5×10^{-9}	$Sn(OH)_4$	1×10^{-56}
$CuCrO_4$	3.6×10^{-6}	$Mg(OH)_2$	1.8×10^{-11}	SnS	1.0×10^{-25}
CuI	1.1×10^{-12}	MnS(无定形)（结晶）	2.5×10^{-10} 2.5×10^{-13}	$ZnCO_3$	1.4×10^{-11}
$CuOH$	1×10^{-14}	$MnCO_3$	1.8×10^{-11}	ZnC_2O_4	2.7×10^{-8}
$Cu(OH)_2$	2.2×10^{-20}	$NiCO_3$	6.6×10^{-9}	$Zn(OH)_2$	1.2×10^{-17}
Cu_2S	2.5×10^{-48}	$Ni(OH)_2$	2.0×10^{-15}	$\alpha - ZnS$	1.6×10^{-24}
CuS	6.3×10^{-36}	$Mn(OH)_2$	1.9×10^{-13}	$\beta - ZnS$	2.5×10^{-22}

附录 9   标准电极电势(298.15K)

一、在酸性溶液中

电极反应	电极电势 $\varphi^{\ominus}/V$	电极反应	电极电势 $\varphi^{\ominus}/V$
$Ag^+ + e^- \Longrightarrow Ag$	0.799 6	$Ag_2CO_3 + 2e^- \Longrightarrow 2Ag + CO_3{}^{2-}$	0.47
$AgBr + e^- \Longrightarrow Ag + Br^-$	0.071 33	$Ag_2CrO_4 + 2e^- \Longrightarrow 2Ag + CrO_4{}^{2-}$	0.447 0
$Ag_2C_2O_4 + 2e^- \Longrightarrow 2Ag + C_2O_4{}^{2-}$	0.464 7	$AgI + e^- \Longrightarrow Ag + I^-$	$-0.152\ 24$
$AgCl + e^- \Longrightarrow Ag + Cl^-$	0.222 33	$Ag_2S + 2H^+ + 2e^- \Longrightarrow 2Ag + H_2S$	$-0.036\ 6$

电极反应	电极电势 $\varphi^{\ominus}/V$	电极反应	电极电势 $\varphi^{\ominus}/V$
$Ag_2SO_4+e^- \Longrightarrow 2Ag+SO_4{}^{2-}$	0.654	$HCrO_4{}^- +7H^+ +3e^- \Longrightarrow Cr^{3+} +4H_2O$	1.350
$Al^{3+} +3e^- \Longrightarrow Al$	-1.662	$Cu^+ +e^- \Longrightarrow Cu$	0.521
$As_2O_3 +6H^+ +6e^- \Longrightarrow 2As+3H_2O$	0.234	$Cu^{2+} +2e^- \Longrightarrow Cu$	0.341 9
$HAsO_2 +3H^+ +3e^- \Longrightarrow As +2H_2O$	0.248	$F_2 +2e^- \Longrightarrow 2F^-$	2.866
$H_3AsO_4 +2H^+ +2e^- \Longrightarrow HAsO_2 +2H_2O$	0.560	$Fe^{2+} +2e^- \Longrightarrow Fe$	-0.447
$H_3BO_3 +3H^+ +3e^- \Longrightarrow B+3H_2O$	$-0.868\,9$	$Fe^{3+} +3e^- \Longrightarrow Fe$	-0.037
$Ba^{2+} +2e^- \Longrightarrow Ba$	-2.912	$Fe^{3+} +e^- \Longrightarrow Fe^{2+}$	0.771
$Be^{2+} +2e^- \Longrightarrow Be$	-1.847	$2H^+ +2e^- \Longrightarrow H_2$	0.000 00
$BiOCl+2H^+ +3e^- \Longrightarrow Bi+Cl^- +H_2O$	0.158 3	$H_2O_2 +2H^+ +2e^- \Longrightarrow 2H_2O$	1.776
$Br_2(aq)+2e^- \Longrightarrow 2Br^-$	1.087 3	$Hg^{2+} +2e^- \Longrightarrow Hg$	0.851
$Br_2(l)+2e^- \Longrightarrow 2Br^-$	1.066	$Hg_2Cl_2 +2e^- \Longrightarrow 2Hg+2Cl^-$	0.268 08
$HBrO+H^+ +2e^- \Longrightarrow Br^- +H_2O$	1.331	$Hg_2SO_4 +2e^- \Longrightarrow 2Hg+SO_4{}^{2-}$	0.612 5
$2HBrO+2H^+ +2e^- \Longrightarrow Br_2(aq)+2H_2O$	1.574	$I_2 +2e^- \Longrightarrow 2I^-$	0.535 5
$2HBrO+2H^+ +2e^- \Longrightarrow Br_2(l)+2H_2O$	1.596	$2HIO+2H^+ +2e^- \Longrightarrow I_2 +2H_2O$	1.439
$2BrO_3{}^- +12H^+ +10e^- \Longrightarrow Br_2 +6H_2O$	1.482	$HIO+H^+ +2e^- \Longrightarrow I^- +H_2O$	0.987
$BrO_3{}^- +6H^+ +6e^- \Longrightarrow Br^- +3H_2O$	1.423	$2IO_3{}^- +12H^+ +10e^- \Longrightarrow I_2 +6H_2O$	1.195
$Ca^{2+} +2e^- \Longrightarrow Ca$	-2.868	$IO_3{}^- +6H^+ +6e^- \Longrightarrow I^- +3H_2O$	1.085
$Cd^{2+} +2e^- \Longrightarrow Cd$	-0.430	$K^+ +e^- \Longrightarrow K$	-2.931
$CdSO_4 +2e^- \Longrightarrow Cd +SO_4{}^{2-}$	-0.246	$La^{3+} +3e^- \Longrightarrow La$	-2.522
$Cl_2 +2e^- \Longrightarrow 2Cl^-$	1.358 27	$Li^+ +e^- \Longrightarrow Li$	$-3.040\,1$
$2HClO+2H^+ +2e^- \Longrightarrow Cl_2 +2H_2O$	1.611	$Mg^{2+} +2e^- \Longrightarrow Mg$	-2.372
$HClO+H^+ +2e^- \Longrightarrow Cl^- +H_2O$	1.482	$Mn^{2+} +2e^- \Longrightarrow Mn$	-1.185
$2ClO_3{}^- +12H^+ +10e^- \Longrightarrow Cl_2 +6H_2O$	1.47	$MnO_2 +4H^+ +2e^- \Longrightarrow Mn^{2+} +2H_2O$	1.224
$ClO_3{}^- +6H^+ +6e^- \Longrightarrow Cl^- +3H_2O$	1.451	$MnO_4{}^- +4H^+ +3e^- \Longrightarrow MnO_2 +2H_2O$	1.679
$2ClO_4{}^- +16H^+ +14e^- \Longrightarrow Cl_2 +8H_2O$	1.39	$MnO_4{}^- +8H^+ +5e^- \Longrightarrow Mn^{2+} +4H_2O$	1.507
$ClO_3{}^- +8H^+ +8e^- \Longrightarrow Cl^- +4H_2O$	1.389	$Mo^{3+} +3e^- \Longrightarrow Mo$	-0.200
$Co^{2+} +2e^- \Longrightarrow Co$	-0.28	$N_2O_4 +2H^+ +2e^- \Longrightarrow 2HNO_2$	1.065
$CO_2 +2H^+ +2e^- \Longrightarrow HCOOH$	-0.199	$N_2O_4 +4H^+ +2e^- \Longrightarrow 2NO+2H_2O$	1.035
$Cr^{2+} +2e^- \Longrightarrow Cr$	-0.913	$HNO_2 +H^+ +e^- \Longrightarrow NO+H_2O$	0.983
$Cr^{3+} +3e^- \Longrightarrow Cr$	-0.744	$2HNO_2 +4H^+ +4e^- \Longrightarrow N_2O+3H_2O$	1.297
$Cr_2O_7{}^{2-} +14H^+ +6e^- \Longrightarrow 2Cr^{3+} +7H_2O$	1.232	$NO_3{}^- +3H^+ +2e^- \Longrightarrow HNO_2 +H_2O$	0.934

电极反应	电极电势 $\varphi^{\ominus}/V$	电极反应	电极电势 $\varphi^{\ominus}/V$
$NO_3^- + 4H^+ + 3e^- \rightleftharpoons NO + 2H_2O$	0.957	$Sb_2O_3 + 6H^+ + 6e^- \rightleftharpoons 2Sb + 3H_2O$	0.152
$Na^+ + e^- \rightleftharpoons Na$	-2.71	$SiO_2(quartz) + 4H^+ + 4e^- \rightleftharpoons Si + 2H_2O$	0.857
$Ni^{2+} + 2e^- \rightleftharpoons Ni$	-0.257		
$NiO_2 + 4H^+ + 2e^- \rightleftharpoons Ni^{2+} + 2H_2O$	1.678	$Sn^{2+} + 2e^- \rightleftharpoons Sn$	$-0.137\,5$
$O_2 + 2H^+ + 2e^- \rightleftharpoons H_2O_2$	0.695	$Sn^{4+} + 2e^- \rightleftharpoons Sn^{2+}$	0.151
$O_2 + 4H^+ + 2e^- \rightleftharpoons 2H_2O$	1.229	$Sr^{2+} + 2e^- \rightleftharpoons Sr$	-2.89
$H_3PO_4 + 2H^+ + 2e^- \rightleftharpoons H_3PO_3 + 2H_2O$	-0.276	$Te^{4+} + 4e^- \rightleftharpoons Te$	0.586
$Pb^{2+} + 2e^- \rightleftharpoons Pb$	$-0.126\,2$	$Ti^{2+} + 2e^- \rightleftharpoons Ti$	-1.630
$PbCl_2 + 2e^- \rightleftharpoons Pb + 2Cl^-$	$-0.267\,5$	$Ti^{3+} + e^- \rightleftharpoons Ti^{2+}$	-0.368
$PbI_2 + 2e^- \rightleftharpoons Pb + 2I^-$	-0.365	$TiO_2 + 4H^+ + 2e^- \rightleftharpoons Ti^{2+} + 2H_2O$	-0.502
$PbO_2 + 4H^+ + 2e^- \rightleftharpoons Pb^{2+} + 2H_2O$	1.455	$V^{2+} + 2e^- \rightleftharpoons V$	-1.175
$PbO_2 + SO_4^{2-} + 4H^+ + 2e^- \rightleftharpoons PbSO_4 + 2H_2O$	1.691\,3	$V^{3+} + e^- \rightleftharpoons V^{2+}$	-0.255
		$W_2O_5 + 2H^+ + 2e^- \rightleftharpoons 2WO_2 + H_2O$	-0.031
$PbSO_4 + 2e^- \rightleftharpoons Pb + SO_4^{2-}$	$-0.358\,8$	$WO_2 + 4H^+ + 4e^- \rightleftharpoons W + 2H_2O$	-0.119
$H_2SO_3 + 4H^+ + 4e^- \rightleftharpoons S + 3H_2O$	0.449	$WO_3 + 6H^+ + 6e^- \rightleftharpoons W + 3H_2O$	-0.090
$SO_4^{2-} + 4H^+ + 2e^- \rightleftharpoons H_2SO_3 + H_2O$	0.172	$Zn^{2+} + 2e^- \rightleftharpoons Zn$	$-0.761\,8$

二、在碱性溶液中

电极反应	电极电势 $\varphi^{\ominus}/V$	电极反应	电极电势 $\varphi^{\ominus}/V$
$[Ag(NH_3)_2]^+ + e^- \rightleftharpoons Ag + 2NH_3$	0.373	$ClO^- + H_2O + 2e^- \rightleftharpoons Cl^- + 2OH^-$	0.81
$Ag_2S + 2e^- \rightleftharpoons 2Ag + S^{2-}$	-0.691	$ClO_3^- + 3H_2O + 6e^- \rightleftharpoons Cl^- + 6OH^-$	0.62
$H_2AlO_3^- + H_2O + 3e^- \rightleftharpoons Al + 4OH^-$	-2.33	$ClO_4^- + H_2O + 2e^- \rightleftharpoons ClO_3^- + 2OH^-$	0.36
$AsO_2^- + 2H_2O + 3e^- \rightleftharpoons As + 4OH^-$	-0.68	$Co(OH)_2 + 2e^- \rightleftharpoons Co + 2OH^-$	-0.73
$H_2BO_3^- + H_2O + 3e^- \rightleftharpoons B + 4OH^-$	-1.79	$CrO_4^{2-} + 4H_2O + 3e^- \rightleftharpoons Cr(OH)_3 + 5OH^-$	-0.13
$Ba(OH)_2 + 2e^- \rightleftharpoons Ba + 2OH^-$	-2.99		
$Be_2O_3^{2-} + 3H_2O + 4e^- \rightleftharpoons 2Be + 6OH^-$	-2.63	$Cr(OH)_3 + 3e^- \rightleftharpoons Cr + 3OH^-$	-1.48
$Bi_2O_3 + 3H_2O + 6e^- \rightleftharpoons 2Bi + 6OH^-$	-0.46	$[Cu(NH_3)_2]^+ + e^- \rightleftharpoons Cu + 2NH_3$	-0.12
$BrO^- + H_2O + 2e^- \rightleftharpoons Br^- + 2OH^-$	0.761	$Cu_2O + H_2O + 2e^- \rightleftharpoons 2Cu + 2OH^-$	-0.360
$BrO_3^- + 3H_2O + 6e^- \rightleftharpoons Br^- + 6OH^-$	0.61	$Cu(OH)_2 + 2e^- \rightleftharpoons Cu + 2OH^-$	-0.222
$Ca(OH)_2 + 2e^- \rightleftharpoons Ca + 2OH^-$	-3.02	$Fe(OH)_3 + e^- \rightleftharpoons Fe(OH)_2 + OH^-$	-0.56

电极反应	电极电势 $\varphi^{\ominus}/V$	电极反应	电极电势 $\varphi^{\ominus}/V$
$2H_2O+2e^- \Longrightarrow H_2+2OH^-$	$-0.827\ 7$	$S+2e^- \Longrightarrow S^{2-}$	$-0.476\ 27$
$IO^- + H_2O + 2e^- \Longrightarrow I^- + 2OH^-$	0.485	$S + H_2O + e^- \Longrightarrow HS^- + OH^-$	-0.478
$IO_3^- + 3H_2O + 6e^- \Longrightarrow I^- + 6OH^-$	0.26	$2SO_3^{2-} + 3H_2O + 4e^- \Longrightarrow S_2O_3^{2-} + 6OH^-$	-0.571
$Mg(OH)_2 + 2e^- \Longrightarrow Mg + 2OH^-$	-2.690	$SO_4^{2-} + H_2O + 2e^- \Longrightarrow SO_3^{2-} + 2OH^-$	-0.93
$MnO_4^- + 2H_2O + 3e^- \Longrightarrow MnO_2 + 4OH^-$	0.595	$SbO_2^- + 2H_2O + 3e^- \Longrightarrow Sb + 4OH^-$	0.66
$Mn(OH)_2 + 2e^- \Longrightarrow Mn + OH^-$	-1.56	$SbO_3^- + H_2O + 2e^- \Longrightarrow SbO_2^- + 2OH^-$	-0.59
$NO_3^- + H_2O + 2e^- \Longrightarrow NO_2^- + 2OH^-$	0.01	$Se + 2e^- \Longrightarrow Se^{2-}$	-0.924
$Ni(OH)_2 + 2e^- \Longrightarrow Ni + 2OH^-$	-0.72	$SeO_3^{2-} + 3H_2O + 4e^- \Longrightarrow Se + 6OH^-$	-0.366
$O_2 + 2H_2O + 2e^- \Longrightarrow H_2O_2 + 2OH^-$	-0.146	$SeO_4^{2-} + H_2O + 2e^- \Longrightarrow SeO_3^{2-} + 2OH^-$	0.05
$O_2 + 2H_2O + 4e^- \Longrightarrow 4OH^-$	0.401	$SiO_3^{2-} + 3H_2O + 4e^- \Longrightarrow Si + 6OH^-$	-1.697
$PbO + H_2O + 2e^- \Longrightarrow Pb + 2OH^-$	0.247	$[Zn(NH_3)_4]^{2+} + 2e^- \Longrightarrow Zn + 4NH_3(aq)$	-1.04

附录10　常见阳离子的鉴定方法

离子	鉴定方法	备注
Ag^+	取 2 滴试液,加 2 滴 $2\ mol \cdot L^{-1}$ HCl,若产生沉淀,离心分离,在沉淀上加 $6\ mol \cdot L^{-1}$ $NH_3 \cdot H_2O$ 使沉淀溶解,再加 $6\ mol \cdot L^{-1}$ HNO_3 酸化,白色沉淀重又出现,说明 Ag^+ 存在,其反应如下: $$Ag^+ + Cl^- \longrightarrow AgCl \downarrow (白色)$$ $$AgCl + 2NH_3 \cdot H_2O \longrightarrow [Ag(NH_3)_2]^+ + Cl^- + 2H_2O$$ $$[Ag(NH_3)_2]^+ + 2H^+ + Cl^- \longrightarrow AgCl \downarrow (白色) + 2NH_4^+$$	
Al^{3+}	取试液 2 滴,加 2 滴铝试剂,微热,有红色沉淀,表示有 Al^{3+}。反应可在 $HAc - NH_4Ac$ 缓冲溶液中进行。红色沉淀组成为:	
Ba^{2+}	在试液中加入 $0.2\ mol \cdot L^{-1}$ $K_2Cr_2O_7$ 溶液,生成黄色的 $BaCrO_4$ 沉淀,表示有 Ba^{2+}。可用 $K_2Cr_2O_7$ 溶液代替 K_2CrO_4 溶液。反应在 $HAc - NH_4Ac$ 缓冲溶液中进行。	Sr^{2+} 对 Ba^{2+} 的鉴定有干扰,但 $SrCrO_4$ 与 $BaCrO_4$ 不同的是:$SrCrO_4$ 在乙酸中可溶解,所以应在乙酸存在的条件下进行反应。

离子	鉴定方法	备注
Bi^{3+}	① SnO_2^{2-} 将 Bi^{3+} 还原,生产金属铋(黑色沉淀),表示有 Bi^{3+}; $2Bi(OH)_3 + 3SnO_2^{2-} = 2Bi\downarrow(黑色) + 3SnO_3^{2-} + 3H_2O$ 取 2 滴试液,加入 2 滴 $0.2\ mol\cdot L^{-1}$ $SnCl_2$ 溶液和数滴 $2\ mol\cdot L^{-1}$ NaOH 溶液,溶液为碱性。观察有无黑色金属铋沉淀出现; ② $BiCl_3$ 溶液稀释,生成白色 BiOCl 沉淀,表示有 Bi^{3+}: $Bi^{3+} + H_2O + Cl^- = BiOCl\downarrow(白色) + 2H^+$	
Ca^{2+}	试液加入饱和 $(NH_4)_2C_2O_4$ 溶液,如有白色的 CaC_2O_4 沉淀生成,表示有 Ca^{2+} 存在。反应在 HAc 酸性、中性、碱性溶液中进行。	沉淀不溶于乙酸,Mg^{2+}、Ba^{2+}、Sr^{2+} 也与 $(NH_4)_2C_2O_4$ 生成同样的沉淀,在鉴定前应除去 Ba^{2+} 和 Sr^{2+},MgC_2O_4 溶于乙酸。
Cd^{2+}	Cd^{2+} 与 S^{2-} 生成 CdS 黄色沉淀的反应可作为 Cd^{2+} 鉴定反应。 取 3 滴试液加入 Na_2S 溶液,产生黄色沉淀,表示有 Cd^{2+}。	沉淀不溶于碱和硫化钠,过量的酸妨碍反应进行。
Co^{2+}	① 取 5 滴试液,加入 0.5 mL 丙酮,然后加入 $1\ mol\cdot L^{-1}$ NH_4SCN 溶液。溶液显蓝色,表示有 Co^{2+} 存在; ② 在 2 滴试液中加入 1 滴 $3\ mol\cdot L^{-1}$ NH_4Ac 溶液,再加入 1 滴亚硝基 R 盐溶液。溶液呈红褐色,表示有 Co^{2+}。 亚硝基 R 盐的结构式为: 反应在中性或弱酸性溶液中进行,沉淀不溶于强酸。	① 试剂须新鲜配制; ② Fe^{3+} 与试剂生成棕黑色沉淀,但能溶于强酸。 ③ 可加 Na_2HPO_4 掩蔽 Cu^{2+}、Hg^{2+}、Fe^{3+} 等金属离子的干扰。
Cr^{3+}	① 2~3 滴试液加入 4~5 滴 $2\ mol\cdot L^{-1}$ NaOH 溶液和 2~3 滴 3% H_2O_2 溶液,加热,溶液颜色由绿变黄,表示有 CrO_4^{2-}。继续加热,直至过量的 H_2O_2 完全分解,冷却,用 $6\ mol\cdot L^{-1}$ HAc 酸化,加 2 滴 $0.1\ mol\cdot L^{-1}$ $Pb(NO_3)_2$ 溶液,生成黄色的 $PbCrO_4$ 沉淀,表示有 Cr^{3+}; ② 得到 CrO_4^{2-} 后赶去过量的 H_2O_2,用 HNO_3 酸化,加入数滴乙醚和 3% H_2O_2,乙醚层显蓝色,表示有 Cr^{3+}。反应式如下: $Cr_2O_7^{2-} + 4H_2O_2 + 2H^+ = 2CrO_5(蓝色) + 5H_2O$	形成 $PbCrO_4$ 的反应必须在弱酸性(HAc)溶液中进行。

离子	鉴定方法	备注
Cu^{2+}	① 与 $K_4[Fe(CN)_6]$ 反应： $2Cu^{2+}+[Fe(CN)_6]^{4-}=\!\!=\!\!=Cu_2[Fe(CN)_6]\downarrow$（红棕色） 取 1 滴试液放在点滴板上，再加入 1 滴溶液，有红棕色沉淀出现，表示有 Cu^{2+}； ② 与 $NH_3\cdot H_2O$ 反应： $Cu^{2+}+4NH_3=\!\!=\!\!=[Cu(NH_3)_4]^{2+}$（深蓝色） 取 5 滴试液，加入过量 $NH_3\cdot H_2O$，溶液变为深蓝色，证明 Cu^{2+} 存在。	方法①要在中性或弱酸性溶液中进行。如试液为强酸性，则用 $3\ mol\cdot L^{-1}$ NaAc 调至弱酸性后进行。 沉淀不溶于稀酸，可在 HAc 存在下反应。沉淀溶于 $NH_3\cdot H_2O$，还可被碱分解： $Cu_2[Fe(CN)_6]+4OH^-$ $\longrightarrow 2Cu(OH)_2\downarrow+[Fe(CN)_6]^{4-}$ Fe^{3+} 及大量的 Co^{2+}、Ni^{2+} 对方法①有干扰。
Fe^{3+}	① 2 滴试液加入 2 滴 NH_4SCN 溶液生成血红色的 $Fe(SCN)_3$，证明 Fe^{3+} 存在（此反应可在点滴板上进行）； ② 将 1 滴试液放于点滴板上，加入 1 滴 $K_4[Fe(CN)_6]$ 生成蓝色沉淀，表示有 Fe^{3+} 存在。	方法①在适当酸度下进行，蓝色沉淀溶于强酸，强碱能分解生成的沉淀，加入试剂过量太多，也会溶解沉淀； 方法②在酸性溶液中进行，但不能用 HNO_3。
Hg^{2+}	① Hg^{2+}，可被铜置换，在铜片表面析出金属汞的灰色斑点，表示有 Hg^{2+}，其反应为： $Hg^{2+}+Cu=\!\!=\!\!=Cu^{2+}+Hg\downarrow$（灰色） ② 2 滴试液，加入过量 $SnCl_2$ 溶液，$SnCl_2$ 与汞盐作用，首先生成白色 Hg_2Cl_2 沉淀，过量 $SnCl_2$ 将 Hg_2Cl_2 进一步还原成金属汞，逐渐变灰，说明 Hg^{2+} 存在，其反应为： $2HgCl_2+Sn^{2+}=\!\!=\!\!=Sn^{4+}+Hg_2Cl_2\downarrow$（白色）$+2Cl^-$ $Sn^{2+}+Hg_2Cl_2=\!\!=\!\!=Sn^{4+}+2Hg\downarrow$（灰色）$+2Cl^-$	对方法②应注意：凡是与 Cl^- 能形成沉淀的阳离子应先除去；能与 $SnCl_2$ 起反应的氧化剂应先除去。 方法②同样适用于 Sn^{2+} 的鉴定。
K^+	钴亚硝酸钠（$Na_3[Co(NO_2)_6]$）与钾盐生成黄色沉淀 $K_2Na[Co(NO_2)_6]$。反应可在点滴板上进行，1 滴试液加 1～2 滴试剂，如不立即生成黄色沉淀，可放置，待沉淀析出。 在中性、微酸性溶液中进行。因酸、碱都能分解试剂中的 $[Co(NO_2)_6]^{3-}$。	强碱存在将试剂分解生成 $Co(OH)_3$ 沉淀。溶液呈强酸性时，应加入乙酸钠，以使强酸性转换为弱酸性，防止沉淀溶解。
Mg^{2+}	取几滴试液，加几滴 $2\ mol\cdot L^{-1}$ NaOH 溶液，再加入 1～2 滴镁试剂（对硝基苯偶氮间苯二酚），若有 Mg^{2+} 存在，产生蓝色沉淀，Mg^{2+} 量少时溶液由红紫色变为蓝色。 反应必须在碱性溶液中进行。	加入镁试剂后，溶液显黄色表示试液酸性太强，应加入碱液。镍、钴、镉的氢氧化物与镁试剂作用，干扰镁的鉴定。
Mn^{2+}	取 1 滴试液，加入数滴 $6\ mol\cdot L^{-1}$ HNO_3 溶液，再加入 $NaBiO_3$ 固体，搅拌，水溶加热，若有锰存在，溶液应为紫红色。	① 在 HNO_3 或 H_2SO_4 酸性溶液中进行； ② 还原剂 Cl^-、Br^-、I^-、H_2O_2 等有干扰。
Na^+	1 滴试液加 8 滴乙酸铀酰锌试剂，用玻璃棒摩擦试管壁。有淡黄色结晶状乙酸铀酰锌钠（$NaCH_3COO\cdot Zn(CH_3COO)\cdot 3UO_2(CH_3COO)_2\cdot 9H_2O$）沉淀出现，表示有 Na^+。	① 反应在中性或乙酸酸性溶液中进行； ② 大量 K^+ 存在干扰测定，为降低 K^+ 浓度，可将试液稀释 2～3 倍。

离子	鉴定方法	备注
NH_4^+	① 在表面皿上,滴 5 滴试液,加入 5 滴 6 mol·L^{-1} NaOH,立即把一凹面贴有湿润红色石蕊试纸(或 pH 试纸)的表面皿盖上,然后放在水浴上加热,试纸呈蓝色,表示有 NH_4^+ 存在; ② 在点滴板上放 1 滴试液,加 2 滴奈斯特试剂($K_2[HgI_4]$ 与 KOH 的混合物),生成红棕色沉淀: $\left[\begin{smallmatrix} O \\ Hg \end{smallmatrix} NH_2\right] I$ 或 $\left[\begin{smallmatrix} I-Hg \\ I-Hg \end{smallmatrix} NH_2\right] I \downarrow$,表示有 NH_4^+ 存在。	① NH_4^+ 含量少时,不生成红棕色沉淀,而得到黄色溶液; ② Fe^{3+}、CO^{2+}、Ni^{2+}、Ag^+、Cr^{3+} 等存在时,与试剂中 NaOH 反应生成有色沉淀而干扰,必须先除去; ③ 大量 S^{2-} 的存在,使 $[HgI_4]^{2-}$ 分解析出 HgS。
Ni^{2+}	2 滴试液加入 2 滴二乙酰二肟(丁二肟)和 1 滴稀氨水生成红色的丁二肟镍沉淀,说明 Ni^{2+} 存在。	① 溶液的 pH 在 5～10 进行反应,可在 HAc～NaAc 缓冲液中进行; ② Fe^{2+}、Pd^{2+}、Cu^{2+}、Co^{2+}、Fe^{3+}、Cr^{3+}、Mn^{2+} 等有干扰。
Pb^{2+}	取 2 滴试液,加入 2 滴 0.1 mol·L^{-1} K_2CrO_4 溶液,生成黄色 $PbCrO_4$ 沉淀,表示有 Pb^{2+} 存在。	① 沉淀不溶于 HAc 和 $NH_3 \cdot H_2O$,易溶于碱,难溶于稀硝酸; ② Ba^{2+}、Bi^{3+}、Hg^{2+}、Ag^+ 等有干扰。
Sb^{3+}	① 在锡箔上滴 1 滴试液,放置,生成金属锑的黑色斑点,说明发生反应: $2[SbCl_6]^{3-} + 3Sn = 2Sb \downarrow(黑色) + 3Sn^{2+} + 12Cl^-$ 表示有 Sb^{3+} 存在; ② 取 2 滴试液加入 0.4 g $Na_2S_2O_3$ 固体,在水浴上加热数分钟,橙红色的 Sb_2OS_2 沉淀出现,说明 Sb^{3+} 存在。	溶液酸性过强,会使试剂分解为 SO_2 和 S,应控制 pH 在 6 左右。
Sn^{4+} Sn^{2+}	① 在试液中加入铝丝(或铁粉),稍加热,反应 2 min,试液中若有 Sn^{4+},则被还原为 Sn^{2+},再加 2 滴 6 mol·L^{-1} HCl 溶液,鉴定按②进行; ② 取 2 滴试液,滴加 1 滴 0.1 mol·L^{-1} $HgCl_2$ 溶液,生成 Hg_2Cl_2 白色沉淀,说明 Sn^{2+} 存在。	
Zn^{2+}	① 取 3 滴试液用 2 mol·L^{-1} HAc 溶液酸化,再加入等体积的 $(NH_4)_2[Hg(SCN)_4]$ 溶液,摩擦试管壁,有白色沉淀生成,表示有 Zn^{2+} 存在,反应如下: $Zn^{2+} + [Hg(SCN)_4]^{2-} = ZnHg(SCN)_4 \downarrow(白色)$ ② 在试管中放 2 滴极稀的 $CoCl_2$ 溶液(≤0.02%),加入等体积 $(NH_4)_2[Hg(SCN)_4]$。用玻璃棒摩擦试管壁半分钟,若未生成蓝色沉淀,然后再加入 2 滴试液,再摩擦试管壁半分钟,这时产生蓝色或浅蓝色沉淀,表示有 Zn^{2+} 存在,反应如下: $Co^{2+} + [Hg(SCN)_4]^{2-} = CoHg(SCN)_4 \downarrow$ $Zn^{2+} + [Hg(SCN)_4]^{2-} = ZnHg(SCN)_4 \downarrow$ 产生的沉淀为两种化合物的混晶,混晶的颜色,取决于 Zn^{2+} 的量而显浅蓝色或深蓝色。	有大量 Co^{2+} 存在干扰反应。Ni^{2+} 和 Fe^{2+} 与试剂生成淡绿色沉淀。Fe^{3+} 与试剂生成紫色沉淀。Cu^{2+} 形成黄绿色沉淀,少量 Cu^{2+} 存在时,形成铜锌紫色混晶。

参考文献

[1] 王玲,何娉婷.大学化学实验.北京:国防工业出版社,2004.

[2] 贺拥军,赵世永.普通化学实验.西安:西北工业大学出版社,2007.

[3] 牛盾,王育红,王锦霞.大学化学实验.北京:冶金工业出版社,2007.

[4] 陶为华.用离子交换法制备纯水的实验设计[J].张家口师专学报(自然科学版),1998(1):50~52.

[5] 毛欣,聂雅玲.用废分子筛制备聚合氯化铝工艺及其絮凝性能研究[J].能源环境保护,2005,19(5):12~15.

[6] 刘文英等.聚合三氯化铝的合成研究[J].湘潭大学自然科学学报,2001,23(01):72~78.

[7] 王玲.叶脉电镀技术[J].电镀与精饰,1998,20(3):15~16.

[8] 郑静,汪敦佳,王国宏.固体酒精的制备实验[J].湖北师范学院学报(自然科学版),2005,25(2):67~69.